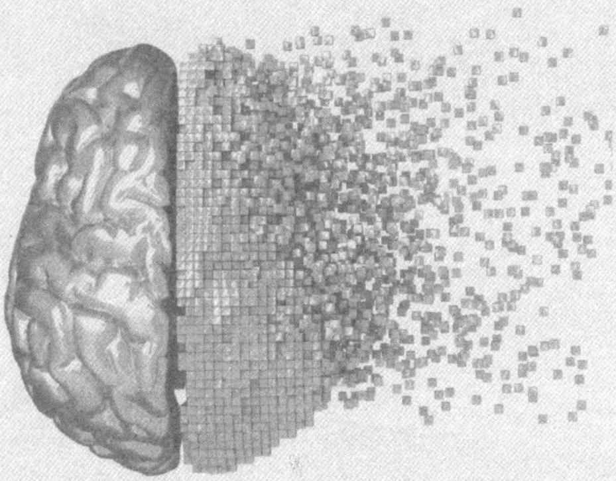

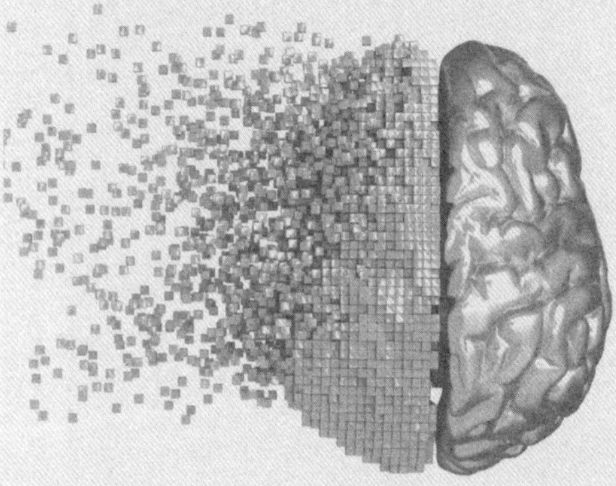

都是大腦出的錯

不完美的大腦如何影響人類，AI人工智慧能否取而代之？
解析大腦的缺陷與創造力

櫻井芳雄 著

曾祥非 審訂　李其融 譯

大眾科學館 56

都是大腦出的錯

不完美的大腦如何影響人類，AI人工智慧能否取而代之？解析大腦的缺陷與創造力

作　　者／櫻井芳雄
譯　　者／李其融
審　　訂／曾祥非
責任編輯／洪淑暖

出版四部
總 編 輯／王秀婷
主　　編／洪淑暖、李佳姍

發 行 人／王榮文
出版發行／遠流出版事業股份有限公司
地　　址／104005台北市中山北路一段11號13樓
客服電話／(02) 25710297　傳真：(02) 25710197
劃撥帳號／0189456-1

封面設計／朱陳毅
內頁排版／薛美惠

I S B N／978-626-418-133-4
初版一刷／2025年5月1日
定　　價／新台幣450元
缺頁或破損的書，請寄回更換
著作權顧問／蕭雄淋律師

國家圖書館出版品預行編目(CIP)資料

都是大腦出的錯：不完美的大腦如何影響人類,AI人工智慧能否取而代之?解析大腦的缺陷與創造力/櫻井芳雄著；李其融譯. -- 初版. -- 臺北市：遠流出版事業股份有限公司, 2025.05

面；　公分. --（大眾科學館）

ISBN 978-626-418-133-4（平裝）

1.CST: 腦部 2.CST: 神經系統

394.911　　114002409

遠流博識網 http://www.ylib.com
e-mail:ylib@ylib.com

致臺灣讀者序

得知臺灣的讀者朋友也能閱讀本書，讓我感到萬分欣喜與榮幸。雖然本書的內容是神經科學（腦科學），也介紹了許多實驗，但我的專業其實是心理學。還記得在半個世紀前我仍是個剛步入校園的大學生時，因為想要理解人類的心而選擇攻讀心理學，並順著自己的興趣接觸臨床心理學、精神分析學、認知心理學、發展心理學、動物行動學等知識，可說是遇到什麼就吸收什麼。但是，我漸漸開始認為「所謂的心智就是腦的活動」，深深感受到研究腦部的魅力。而等到進入研究所，則是開始想要釐清「正在運作的腦中究竟會產生什麼樣的訊號？」這個更為具體的問題，之後便持續進行從各種動物腦中記錄眾多神經元放電的實驗。在漫長的研究期間，前半段幾乎都是獨自一人，後半段則是在優秀學生的圍繞下進行實驗，很幸運得以留下許多成果。儘管如此，腦依然複雜且充滿謎團，有許多讓我們不禁深思的地方。本書就是根據這樣的體驗對腦進行解說。

本書先聚焦於人類會出錯的事實，並解說迄今的研究成果，出於腦中的訊號傳遞本來就不確實又具隨機性，因此這是無可避免的情形。另外，本書還根據許多研究說明，正因為腦並沒有將速度與效率擺在第一順位，而是以不準確的形式活動，才有辦法創造出新的點子，或是即便受損也能修復。除此之外，由腦部活動孕育而生的心智，也具備改變腦本身活動的能力；大腦與人工智慧（ＡＩ）有著本質上的差異，ＡＩ不可能擁有心智；左腦人、右腦人或男性腦、女性腦等分類，都是毫無根據的迷思，這些事實都是本書會介紹的主題。

我想透過本書向在學讀者說明：腦至今依然充滿未知，正因如此它是個極具魅力的研究對象。不過也希望學院以外的一般大眾也能拿起本書閱讀，如此一來，就不會被所謂的綜藝腦科學家，為譁眾取寵而宣稱的「腦就是這麼一回事」等流言迷惑。

本書由曾以研究生身分活躍於本人研究室的李其融翻譯。相信本書是只有優秀的李同學才能辦到的佳譯。最後，請容我向在臺灣出版本書的遠流出版公司致上由衷的感謝之意。

櫻井芳雄

目次

前言

你或許曾聽說過「想要打造如同大腦一般運作的電腦」、「模擬大腦的卓越資訊處理性能，藉此研發新的電腦」之類的話。但是，大腦真的有這麼優秀嗎？首先，大腦很健忘，電腦則絕不會遺忘。再者，有時大腦會因精神疾病或失智症而失靈，電腦的積體電路則不容易故障。最重要的是，大腦就算正常運作也會時常出錯，但正常運作的電腦並不會，即使出現錯誤，出錯的也是由人類設計的程式。就算再怎麼努力，大腦依然會出錯。這究竟是為什麼呢？

本書將先聚焦於腦會出錯的事實上，透過多項個案介紹，說明人類有多麼容易出錯。接下來，本書會奠基於過往至今的研究成果，清楚說明這些錯誤絕非是因為大腦的運轉失誤，而是無可避免的現象。這是因為腦中的訊號傳遞，本來就具有不確實性與隨機性。另外，本書也會透過眾多研究成果，講解腦部具備哪些能降低出錯次數的機制。而且，正因為大腦就算出錯也能持續運作，才能產出創新的點子，達成各種高階功能，就算受損也能修復，這些都是能透過諸多研究成果解釋。藉此，我們便能看清腦部真實的樣貌，也就是神經迴路活動的實際情況。

本書將介紹數個印證腦並非單純精密機械的最新洞見，並詳細說明腦部活動所產生的心智，其實具有改變腦部活動本身的力量，以及AI（人工智慧）和大腦之間本質上的差異。此外，書中還會提及幾個最具代表性的腦部迷思，除了說明它們何以為迷思，亦會深入探討催生迷思的研究者所該承擔的責任。最後，本書對試圖將腦理解為機械的舊有腦科學做出批判，並闡述大腦依然是一個未知且魅力十足的研究主題。

序章

人一定會出錯

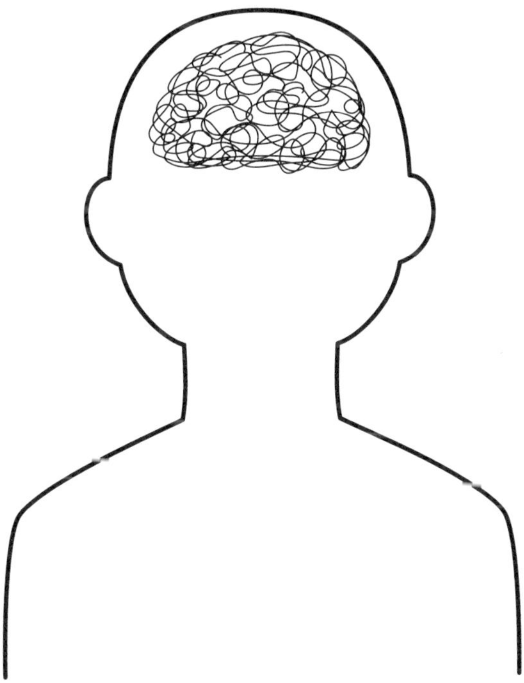

1 人為錯誤的事實

請觀看圖0-1。a和b是吉隆坡地標雙峰塔的一邊。a是它以前的樣子，b則是它現在傾斜變嚴重的模樣……。上述內容是騙人的，這只是將完全一模一樣的照片排列在一起而已。只要用尺規比對就能證實，塔的傾斜程度完全一樣。這就是引起視覺上錯覺的照片，是錯視圖形的一例。

為什麼我們無法正確看出a和b的傾斜程度其實一樣呢？因為我們的腦會藉由過往的經驗，擅自判斷所見事物並逕自變更。

所見事物皆由腦所創

我們所看到的事物，是成像於眼中深處的視網膜影像嗎？不，並不是這樣。我們是在看由腦所創造出來的產物。

視網膜並非顯示外界的投影螢幕。它是將來自外界的光訊號轉換為電訊號，並傳送至腦部的裝置，也就是單純的光轉電裝置（光電介面）罷了。接下來，傳送至腦中的電訊號會在

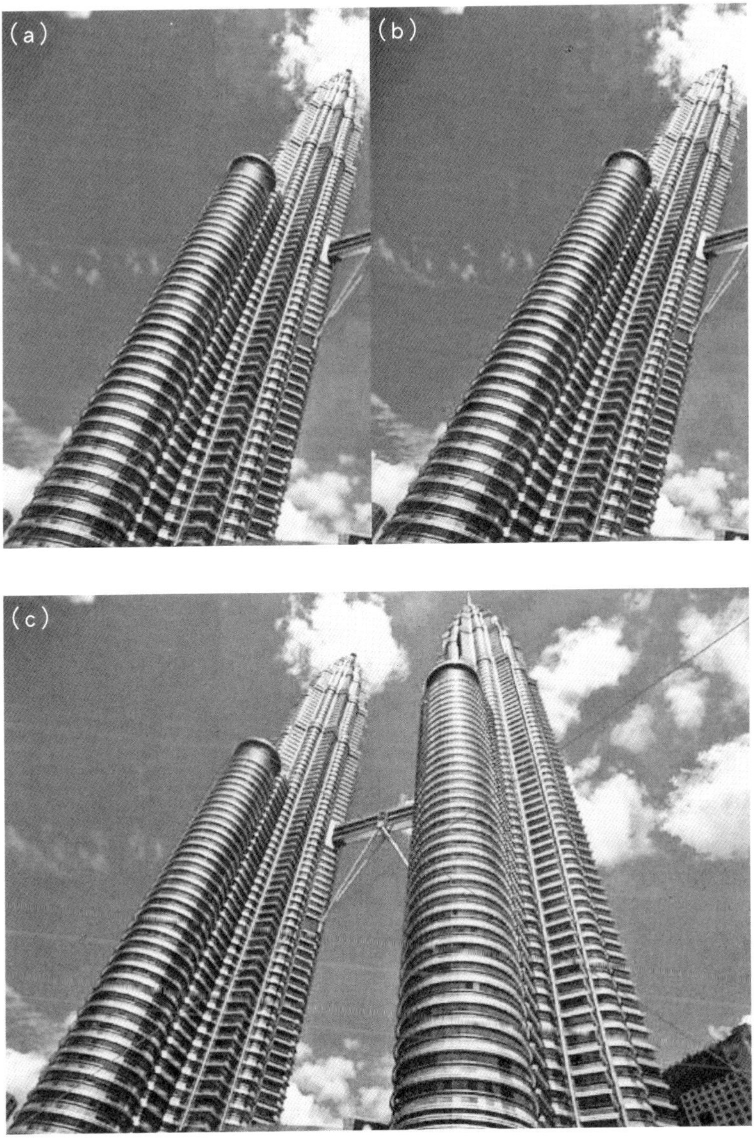

圖0-1　斜塔錯視（引自 Kingdom et al. 2007。©Thomas Haltner）

途中經過外側膝狀核（lateeral geniculate nucleus, LGN）這個中繼點，傳送至腦後的視覺皮質（visual cortex, V1）。這些訊號會從這裡流至腦中各處並接受處理，創造出我們看到的世界，也就是所謂的視覺。

我們尚未充分釐清，建構出視覺的訊號流向及資訊處理，實際上究竟是如何運作的。但是已經知道，透過奠基於過往經驗及學習的記憶，會重新改寫我們所見的世界。例如，我們能藉由經驗知道，像兩條軌道般平行並列的配置，會隨著距離漸遠而使兩者的間距看起來越狹窄。因此，如果看到圖 0-1 c，會知道左右兩個塔是平行並列的。這是因為越往遠處（越往高處），照片上兩座塔的間距就會顯得越狹窄。相對的，a 和 b 都是顯示左塔的照片，而且就算到了高處，a 和 b 的間距也沒有靠得更近的跡象。因此，腦便判斷它們矗立的角度並不相同，並呈現出傾斜程度不一的模樣給我們看。

當聽到人類出錯時，我們很容易認為原因出自於注意力低落。但是錯視圖形清楚讓我們理解，無論多麼集中精神，有時還是免不了出錯。至今為止已有許多研究顯示，除了傾斜程度與形狀之外，就連顏色或運動也有許多無論再怎麼努力觀看，也無法如實所見的圖形與照片。錯覺還不僅限於視覺，也有許多關於聽覺、觸覺、時間感的錯覺案例。由此可知，我們有多麼容易曲解外在世界。

人類的兩道難題：記憶與計算

既然我們已經知道錯覺這個感官上的錯誤，是腦部基於記憶或經驗而得到的結果，那麼自然就有辦法做出部分程度（無法做到百分之百）的因應，來避免出錯。但是，因感官失靈而造成的辨識、判斷、記憶上的錯誤，會不時且毫無規律地發生，這是個非常棘手的問題。本書也將在第二章詳述，記憶是如何極為脆弱又不正確。

在學習心理學的時候，一定會學到赫爾曼・艾賓浩斯（Hermann Ebbinghaus）的記憶實驗。就算一度確實記住毫無意義的字母組合，但只要經過一個小時，其中約一半的內容就不再牢靠：雖然不至於完全忘卻，但已變得非常模糊不清。由於這個現象幾乎適用於任何人，因此可得知，記憶力本身並沒有太多個別差異。當然，需要記住毫無意義字串的情形非常少有。我們所要記住的事物，通常都是某種具有意義的「刺激」。因此，才有辦法將事物和已經記得的記憶連結在一起，不會才過一小時就弄錯半數左右。而所謂記憶力出眾的人，就是指擅長做出這種連結的人。

但是，無論記憶力再怎麼傑出的人，所記住的內容也無可避免地會隨時間流逝而逐漸改變。例如，人要是曾被一部電影所感動，那他就有可能會將電影中數個場面深刻烙在眼底，鮮明記住。如果你也有過那麼一部電影，且已經睽違十年以上沒再觀看，不妨試著找出那部電影的DVD並重新觀看。你可能會驚訝地發現，電影中的場景和你記憶中的內容頗有出入。又或者，你或許會記得不久之前的記憶，像是昨天的晚餐內容。但是，人通常無法馬上回想起兩天前或三天前的菜色，就連要回答哪些是兩天前、哪些又是三天前的這個問題，恐怕也必須思忖半晌，尋找某些線索才行。

此外，雖然也有少數例外，不過大多數的人都非常不善於計算。電腦可說是為了彌補記憶與計算這兩道難題而被研發出來的機器。這裡所說的計算，並不限於用複雜公式計算龐大數字的情況。就連簡單的計算，也很容易被人搞錯。舉例來說：

一顆橘子和一顆哈密瓜合計五一〇日圓。哈密瓜比橘子貴五〇〇日圓。試問橘子多少錢？

計算本身很簡單，只有二至三位數的加法與減法，但多數人都會答錯（我也答錯）。當然，只要運用聯立方程式就能求出正解。但從光是為了解出這個程度的問題就需動用聯立方程式來看，人類不擅於計算的事實已不言而喻（正解是五日圓）。

x（橘子）＋y（哈密瓜）＝510

y－x＝500

攸關生死的錯誤

就算不擅於記憶或計算，如果只是在學校考試拿到低分，或在購物時弄錯金額（雖然也要視情況而定），通常不會演變為多嚴重的問題。但是，對於那些攸關人命的事故或災害，則不能輕視以待。

根據厚生勞動省「勞動災害原因要素分析」的統計，約有將近八〇％的勞動災害肇因於人為疏失。我們已知人為疏失的成因，除了先前所述的錯覺等感官上的扭曲、記憶或計算的錯誤之外，還包含認知偏誤、疏忽、溝通不足等成因。當這些成因疊加在一起，就是重大事故來臨的時刻。

圖0-2統整了自一九五九年至二〇一二年全世界商用飛機（扣除戰鬥機）的事故率，它顯示出在一百萬次飛行次數中的死者數（柱狀圖）與事故率（折線圖）。到一九六〇年代為止的事故率都很高（死者之所以較少，是因為當時的飛機機體小、飛行次數也不多）。這些事故的原因有金屬疲勞所導致的機體異常、不正確的氣象預測等，也就是未知的現象。因此，當這些問題得到解決，自此之後的事故率也立即跟著劇減。

然而，在事故率減少後發生的事故，幾乎都是肇因於人為疏失。至今零事故依然是無法實現的目標，有時甚至還會發生重大慘事。在一九七七年造成五百八十三人死亡、史上最嚴

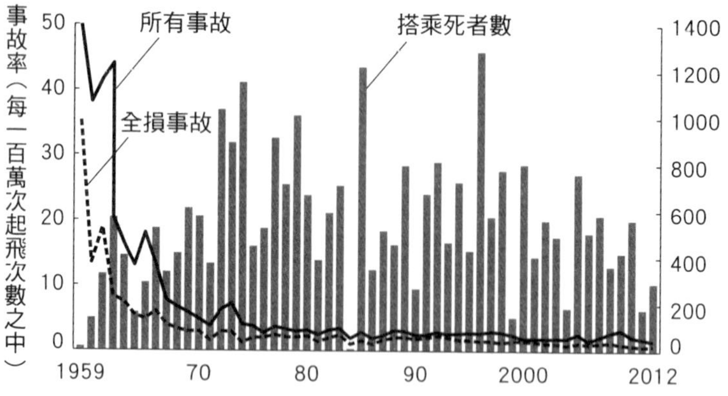

圖0-2 商用飛機事故的變遷（引自《医療におけるヒューマンエラー》第2版）

重的特內里費（Tenerife）機場相撞事故，就是因為航空管制員和機師之間的溝通疏失，也就是指示的方式和訊息接收者雙方的失誤重疊在一起而發生的。

此外，在單架機體的飛機事故中，造成史上最多人死亡（五百二十名）、發生於一九八五年的日本航空一二三號班機空難，是因為補修工程作業的指示不充分，以及未確實遵守指示相疊而造成的結果。順帶一提，當這起日航班機墜落事故發生時，我正在廣島大學任職，回家後看到電視發布日航班機下落不明的緊急報導，至今仍歷歷在目。稍晚報導可能是墜機，並公布乘客名單，其中居然有「Tsukahara Nakaakira」這個名字，令我驚愕不已。最初實在不敢相信，但之後確認，此人確實是享譽世界的腦科學家、同時也是我大為敬重的塚原仲晃教授（大阪大學），到現在我依然深刻記得當時意志消沉的沮喪心情。

另外，儘管近年國內的空難事故件數多少會依年份而有所變動，不過在二〇一五年至二〇一九年期間，每年的事故發生件數大都約二十件、死者數約十人、傷員數則是約十六人左右。除此之外，雖然沒演變為事故，但飛機誤闖跑道等問題的發生頻率則是更高。飛機事故往往會一次帶走多條人命，因此相關人員都謹慎以待，經過多重確認才會起飛。但即便如此，這些肇因於人為疏失的事故或問題，卻依然持續以一定的機率發生。

2 因應措施的侷限性

目前已有許多關於人為疏失的書籍出版問世，為了防範出錯而提出的方法亦族繁不及備載。具體來說，充分的休息自不在話下，事前學習、模擬體驗、團隊協力、多重檢查等項目亦應有盡有。但是，即便如此，人為疏失在許多情況下仍然會發生。

例如，日本鐵道是具備充足安全設施的交通運輸系統，幾乎採取了上述所有的措施。但是，和飛機一樣，鐵道也會以一定的機率發生小事故或操作疏失，有時甚至會釀成像二〇〇五年JR西日本福知山線出軌般的重大事故。目前我們所能知道的是，那些在「人」身上下功夫，試圖改變人的專注力或行為的方法有其侷限性。相較之下，改良操作指南會更加有效，而最有效的方法，則是採取工程措施，也就是在設備或工具上下功夫。

成為病原體的醫師

如同飛機或鐵道，醫療疏失也是攸關生死的錯誤。根據二〇一六年刊載於醫學專業期刊的論文指出，美國一年之間因醫療疏失而造成的死亡人數約二十五萬名，在所有死因中排行第三。但是，也有人批評這個調查方法有問題，另外還有別的調查推估一年之間的死亡人數是五至十萬名。無論如何，這都不是一個可以輕忽的數字。美國的醫療疏失調查淵源悠久，早在一九五〇年代就已經開始。從當時至今日，許多在醫療現場發生的問題以及醫療疏失所導致的損害，都已經釐清。其中有些調查披露了眾多新疾病或感染症狀等，是因醫療行為不當所造成，並因此冠上「成為病原體的醫師」這個挑釁意味十足的標題。

除了這些調查之外，引發醫療疏失的原因與改善手段等研究，也在同時進行。到了一九九〇年代，開始有人提出，與其試圖從人身上找出醫療疏失的原因，更應該著眼於醫療現場的系統改善，也就是必須將焦點放在醫護人員的體制、醫療儀器、操作指南上。這份出版於一九九九年、標題為《任何人都會出錯》的報告書指出，那些試圖干預人類心理的方法都效果不彰。無論再怎麼提防戒備，醫療疏失仍有一定的機率會發生。日本雖然不像美國有很多詳細的論文或報告，不過自二〇一五年起，隨著醫療事故調查制度的上路，任何發生於國內的醫療事故都有義務向醫療事故調查暨支援中心*報告，詳細調查究竟發生了什麼樣的醫療疏失。我們藉此可以得知，在二〇一五年至二〇二一年間，共有兩千件以上的醫療事故（大多都是醫療疏失）報告，而且每年發生事故的機率也幾乎一致。

日本國內演變為死亡的醫療疏失約有二〇%肇因於錯誤投藥。而光是仰賴教育或宣導，自然不會有什麼效果，只有在那些用於醫療現場的設備及工具上對症下藥，才會有顯著成效。圖0-3就是屬於這類型的工具改善案例。a是當需要注射各種不同藥液時，能避免拿錯注射器的巧思。在將安瓿（ampoule）中的藥液移至注射器時，只要同時將安瓿上的標籤重新貼在注射器上，就能避免拿錯。b則是刻意將用於點滴的藥劑成分分成上下包裝，並要求醫護人員在實際打點滴時再開啟上下隔層，完成混合藥劑的程序，藉此讓他們再次確認藥劑內容。

車禍減少的主因？

汽車引發的交通事故，往往也是導致死亡的危險事件。在車禍最嚴重的一九七〇年前

* 医療事故調査・支援センター。依據日本醫療法而成立的機關，旨在究明醫療事故原因。

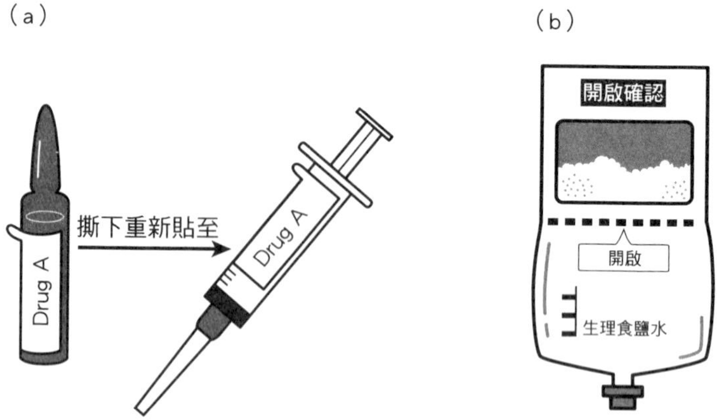

圖0-3　防止醫療疏失的工具改善案例（改編自《医療におけるヒューマンエラー》第2版）

後，日本國內一年的死亡人數直逼一萬七千名，傷者也近一百萬名。在這之後，車禍發生件數與傷者數一度減少，卻又在二〇〇五年創下史上最糟的紀錄。然而，近十五年來則是持續下滑。死者數雖然多少有些起伏，不過幾乎是穩定減少。現在，交通事故的傷者約是一年三十萬名，死者則是一年三千名左右。

在「交通戰爭」這個詞彙廣泛流傳的一九六〇年代，日本甚至還曾經播放悽慘的車禍現場影像給全國中學生觀看，試圖讓學生理解交通事故所造成的恐怖傷害。就連血腥虐殺的電影，也遠遠不如這些真實的影像駭人，我也在觀看之後深受衝擊。甚至有學生哭出來，或是感到不適。那個時代的做法實在是太荒唐，而這項措施也只是試圖刺激人類的心理（恐懼心），但效果顯然不彰。

和那時相比，現在的死亡人數已經減少至當時的六分之一。而發揮成效的對策，並非是從人身上著手（亦即針對駕駛進行教育或宣導），更不是悽慘的車禍影像，而是拓寬道路、改善交通號誌燈及道路標誌、自排車的普及、安全帽的改良，以及推行繫安全帶等措施。若是今後能進一步對設備或工具（也就是大多數交通事故所涉及的汽車）進行改良或發揮巧思的話，勢必能讓事故變得更少。

在這個問題上最重要的事，就是汽車既然是由人所操控的工具，就要在設計上多思考，以配合人類的直觀感覺。

例如，自排車排檔桿的操作，在前進時需要往後拉、在倒車時則往前推，這和人類直觀的運動感覺相悖。此外，剎車和油門是讓汽車停止或加速，這是完全相反的操作，但兩者都是透過踩踏板的動作來控制，也和人類的直觀感覺不一致。

除此之外，道路標誌也存在著相同問題。如圖0-4所示，道路標誌上所寫的方向，有時和乘車者的感覺有出入。

若是能改善這幾點，勢必能讓交通事故變得更少。在人類必定會出錯的前提下，今後有必要結合各種工學上的創意巧思並付諸實行。

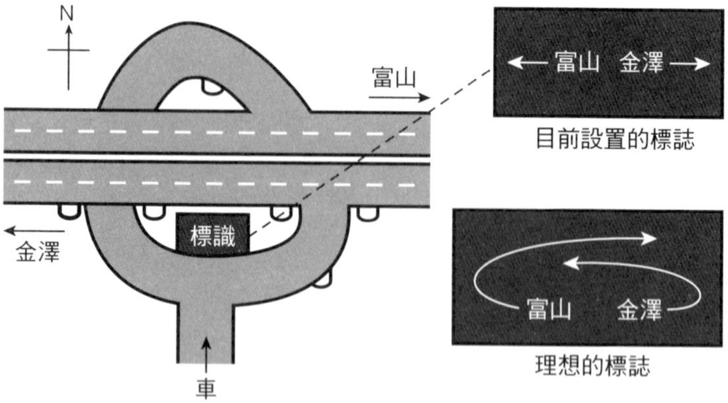

圖0-4　和人類體感有所出入的道路標誌（改編自《ヒューマンエラー》第3版）

3 腦部究竟出了什麼問題？

試圖從腦部找出人為疏失的原因，是非常順理成章的事。畢竟人類是透過腦部來感覺、記憶、判斷並行動，人類出錯的原因確實出在腦部。但是，絕大多數試圖透過腦部機制說明人為疏失的解釋，都沒有具體點出腦部究竟出了什麼問題。

若要釐清腦部運作，我們可做出三種類型的命題。那就是由腦部的哪個區域負責的「where問題」、腦部的哪種物質有關的「what問題」，以及腦究竟是如何運作的「how問題」。至今為止的說明，幾乎全都是侷限於「where問題」及「what問題」。但是，腦為何會出錯，則是貨真價實的「how問題」，而這項解答也正是我們亟需追求的。

用「腦」這個詞取代「人」的稱呼

一般來說，認知科學會將腦部視為處理一連串資訊的系統，鉅細靡遺地解說這個系統究竟是哪裡出了問題，才會發生錯誤。例如，有些人會將錯覺或忽略的現象，說明為圖0-5 a中的「感覺」或「認知」失敗；誤會則是出於「記憶」或「思考」異常，導致「判斷」失誤，送出錯誤的「指令」。又或者，為了讓這些解釋聽起來具有腦科學根據，有些人會在說明時，將圖0-5 a的各個處理程序，冠上腦部部位名稱（圖0-5 b）。錯覺或忽略的現象，便會被說成是發生於掌管感覺與認知的感覺區與顳葉這些區域，而誤會則被說明為是由和記憶與思考有關的海馬迴與聯合區（association area）所產生，進而導致額葉的判斷失誤，讓運動區送出錯誤的指令。

確實，這樣的說明非常淺顯易懂，也能幫助我們想像腦部進行資訊處理的情景。但是，這只是示意性地描述腦部的資訊處理模式，並沒有透過腦部運作的方式或腦部活動等層面釐清出錯的原因。這是因為，就算我們將這些認知科學解釋中提及的「腦」一詞換成「人」，它所要表達的意思也不會有絲毫改變。簡而言之，這只是將「人是這麼做的」，改成說「腦是這麼做的」而已。確實，若我們得知這是腦所做的，聽起來彷彿就像是得到某種科學上的解釋一般。在以簡單易懂的方式解釋腦部的書籍中，都經常會像這樣把「人」置換成「腦」。另

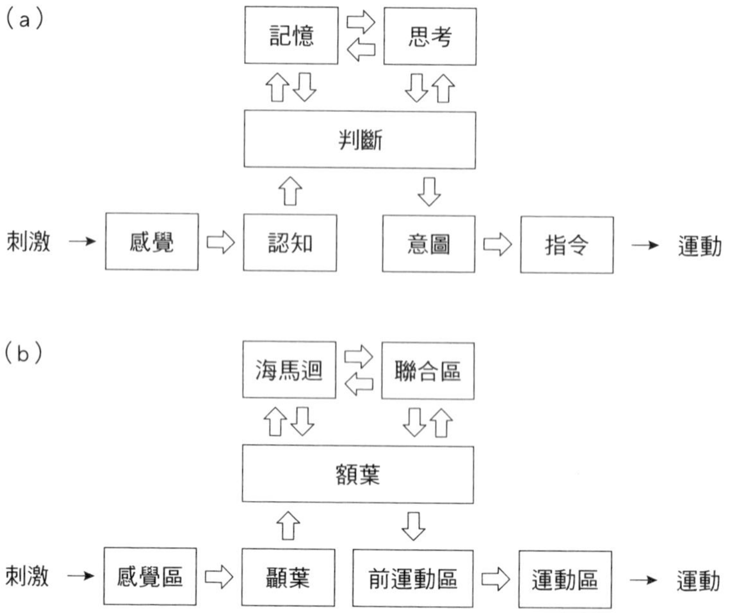

圖0-5 在錯誤發生時的認知科學(a)和腦科學(b)資訊處理系統的說明

外，就算像圖0-5 b，將各個處理程序代入腦部部位名稱試圖加以說明，我們也根本無法確定腦的各個部位是否真的有這種明確的分工機制（應該是沒有）。事實上，我們甚至還不太清楚腦部實際上是怎麼處理資訊的（在第三章與第四章將深入探討）。但最起碼，只要看一下那些直接測量記錄腦部活動的數據，就會發現圖0-5 b那種過於簡化的資訊傳遞與處理方式，根本不可能合乎現實。

從腦部活動所看到的真相

這類看似透過腦進行解說、實則卻沒有說明任何事情的論調，即使置換成更微觀的層級，例如稱為腦細胞的神經元（神經細胞，neuron）的活動，也同樣如此。人類之所以會異常地對蛇抱持恐懼，常被解釋成，因為看到蛇時，杏仁核這個部位的神經元產生強烈反應，這也不過是將「腦」或「人」置換為「杏仁核」而已，純粹是陳述腦會對蛇產生強烈反應，或者人會對蛇產生強烈反應的事實，除此之外根本就沒有說明到任何事情。也就是說，這根本就沒有從腦科學的角度說明人對蛇抱持恐懼的理由。另外，圖0-1呈現的錯視也是一樣，就算說這個現象是基於視覺區與視覺聯合區中神經元的特性，這也只是在陳述它是腦的特性、是人的特性，除此之外根本就沒有說明到任何事。

最近，甚至還有論調主張任何人類具備的獨有性質，即便是倫理觀念與宗教上的信念，都毫無例外地能透過腦來做出解釋。但這些論調只是在重述「這是腦的所作所為」，完全沒有提出絲毫新洞見。

若是想透過腦部來說明人類出錯的原因，就必須針對「腦」這個複雜的器官，究竟是如何運作的「how問題」做出解答。也就是說，這必須透過記錄神經元或神經群的數據，來釐清腦部進行訊號傳遞的實際樣貌，並從中找出能說明為何發生錯誤的背景機制。唯有先做到這點，我們才有辦法在「腦究竟是何物」、「腦所塑造出的心智究竟是什麼」，以及「人究竟是什麼樣的生物」等問題上獲得新的啟發。

專欄0 對大腦而言，藥物濫用的界線在哪裡？

為了降低出錯的可能性，人們會設法讓自己變得更清醒，試圖提升注意力與專注力。而達到這個目的最簡單的方法就是服用藥物。像是分類為興奮劑的甲基苯丙胺（甲基安非他命），或分類為麻藥的古柯鹼或海洛因，都被證實具有清醒作用及提升專注力的功能。但是不用說也知道，服用這些藥物既違法又對身體有害，可說是腦部的藥物濫用。

這些藥物會在腦部引起強烈的興奮作用，而且還會迅速產生「耐受性」，讓達成相同程度效果所需要的劑量激增，而攝取量的增加則會引發幻覺及妄想等精神症狀。除此之外，這些藥物也會造成強大的「成癮性」，讓人欲罷不能地大量服用（除了對腦部造成的藥理作用之外，成癮性也和心理上的依賴有著密不可分的關係）。另外，雖然沒有違法，但在醫師開立的精神藥物中，也有一些藥物具有清醒及強化專注力的作用，像治療ＡＤＨＤ（注意力不足過動症）的藥物專思達（Concerta）就是代表性例子。但是，這些藥物也一樣具有成癮性，還具有降低食慾及促進不安的副作用，若是輕率使用於兒童身上是非常危險的。市面上有些不需要醫師處方箋的成藥，也具有強力的清醒作用。像既歸類於嗎啡的甲基化合物、又包含在鴉片這個麻藥中的可待因（Codeine），就存在於感冒藥或止咳藥的成分中。然而，由於是具有成癮性與耐受性的藥物，因此服用劑量容易不受控制。我們已經知道，大量服用這些藥物所帶來的作用和興奮劑一模一樣。由此可知，不光是違法藥物，若是為了變得更清醒或集中精神而服用處方藥或成藥，對腦部而言也一樣是名副其實的藥物濫用，絕對不能嘗試。

另一方面，許多飲料中含有的咖啡因，雖然也和興奮劑與麻藥一樣會對腦部帶來興奮作用，但它卻在社會上得到認可，許多人都在日常生活中攝取。在運動界，咖啡因直到二〇〇三年還被指定為禁用藥物，但現在已經被移出禁藥清單。

關於咖啡因效果的研究族繁不及備載，每份研究報告都證實咖啡因具有某些有益的功效。例如，我們已經知道咖啡因能讓夜間的清醒程度上升、提高作業時的注意力與專注力、減少作業失誤、使記憶測驗的成績表現上升、提升各種有氧運動的能力。發揮這些作用所需的咖啡因量約是五十至一百五十毫克（相當於一至兩杯咖啡），就算攝取更多也無法得到更好效果。另外，由於腦所需的能量來源是葡萄糖，因此同時攝取咖啡因與葡萄糖（也就是糖）是最有效的。酒精的效果則是相反，酩酊會導致清醒度、注意力及專注力大幅下降，且這是無法靠咖啡因改善的。就算在飲酒後飲用濃咖啡，也不會對酩酊程度帶來任何改變。

咖啡因的功效已被證實，我們也大致釐清了它的興奮作用機制。經由口部攝取、進入血中的咖啡因會被輸送至腦內，它會阻斷抑制神經元之間訊號傳遞物質的作用，並增加促進訊號傳遞物質的量，藉此造成大範圍的腦部興奮。這項興奮作用雖然不及興奮劑或麻藥強大，但也有可能產生耐受性與成癮性。此外，大量攝取咖啡因，會增加不安、過度敏感、焦躁等精神上的緊張，而停止攝取後的戒斷症狀，則包含嗜睡、意志減弱、注意力與專注力下降及頭痛等。

而且，若是一口氣大量攝取咖啡因，會造成血壓急速上升及心律不整，最嚴重的情況甚至會死亡。根據歐洲食品安全局的建議，安全的咖啡因攝取量最好是一天低於四百毫克（約五杯咖啡）、一次低於二百毫克，但由於適合的量因人而異，因此只能讓每個人透過自身的經驗來做判斷。確實，咖啡因雖然對腦部而言不算是藥物濫用，但也不能算絕對安全。

第一章
腦部訊號傳遞如擲骰子般隨機？
——馬虎的訊號傳遞

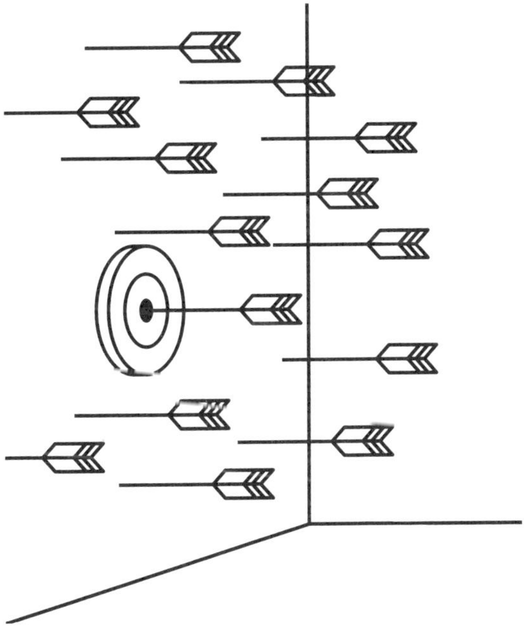

1 運作中的腦部訊號傳遞

讓我們假設你的電腦屢次出現錯誤，而你也具備檢測電子電路的技術。此外，若是該電腦並沒有搭載現在的大型積體電路（LSI），而是用單純的積體電路（IC）組合而成的半世紀前的單板電腦（single-board computer）的話，你會怎麼做呢？照理說，你應該會運用示波器（oscilloscope）測量流動於電腦內部積體電路中的方波（square wave）電訊號，檢查它是否穩定地以正確的形式呈現，或它是否準確傳遞至下一個電子迴路吧。

相同地，若想知道腦部會不時出錯的真實原因，自然需要確認腦中訊號是如何產生並傳遞的。幸運的是，腦中的神經迴路並沒有像大型積體電路般精密至極。我們已經能一一檢測出各個神經元所發出的訊號，並測量它們是如何傳遞至下一個神經元。

此處最重要的是，我們所測量的神經元活動，必須來自於「**運作中的腦**」，也就是「**能答對也會出錯的腦**」。若是從「沒在運作的腦」進行記錄，就什麼也無法得知。這就如同檢查沒有在運作的電腦，除非有特別顯眼的燒焦痕跡或破損，否則根本不可能知道造成錯誤的原因。

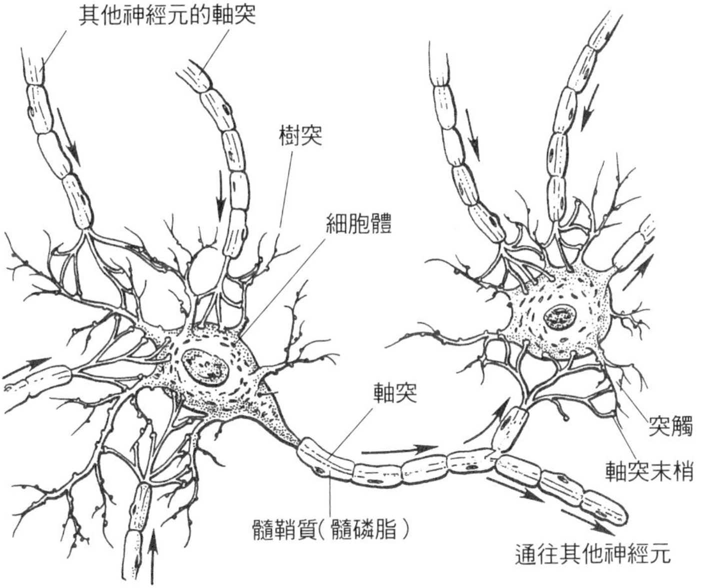

圖1-1　神經元的模式圖（改編自*Foundation of Physilogical Psychology*, 1988）

神經元與神經迴路的構造

在腦中產生訊號並進行傳遞的細胞，正是已在本書多次登場的神經元。神經元的種類極為多樣，形態亦各有差異，但基本構造幾乎都一樣，可使用圖1-1的簡易模式來呈現。這項基本構造凡是脊椎動物幾乎完全共通。也就是說，無論是魚、蛙、蛇、鳥、鼠或人幾乎都一樣。因此，釐清動物腦中的神經元，其實也是幫助我們理解人類腦部的基礎研究。

如同圖1-1所示，一個神經元除了本體部分的細胞體以外，還具有將訊號傳遞至其他神經元的軸突，以及從其他神經元接受訊號的樹突。一個細胞體具有多個樹突，但只會有一條軸突，通常軸突會比樹突長。而當軸突具有髓鞘質（髓磷脂，myelin）這個「鞘」時，就能更迅速地傳遞訊號。軸突的前端會分岔為眾多微小的細枝，每個細枝的末端部分（軸突末梢）會連繫至其他神經元的樹突或細胞體，不過它們的連結處有微小的間隙。這整個連結部分稱作突觸。看到神經元所具備的這種形態與構造，就會覺得它們彷彿正是為了輸出或接受訊號而存在的細胞，這就是腦部活動的基本元素。

人類的腦共約有一千億個神經元*，其中有超過八百億個神經元位於小腦。小腦的神經元所具備的突觸數量（也就是和其他神經元的連結）雖然會依細胞種類而異，但相較之下算比較少。另一方面，占腦部絕大部分大腦的神經元約有一百到二百億個，且它們幾乎都集中於大腦皮質。大腦皮質的神經元特徵，在於它們的突觸數量繁多，一個神經元可具有數千以上個突觸。眾多神經元錯綜複雜地連結在一起，藉此形成緻密的神經迴路。大腦皮質一平方毫米有超過十萬個神經元，連結神經元彼此的樹突與軸突的長度合計高達十公里，至於連結部位的突觸更是分布於十億處以上。本書所指的內容對象，幾乎都是以大腦皮質為主。

由物質產生訊號

神經元發出的訊號稱作脈衝（spike），發出訊號這個現象則稱作放電。我們已經可以得知相當詳細的訊號產生機制。雖然這類說明聽起來或許有點枯燥，但請容我簡單敘述這項機制。

神經元的細胞體主要是透過樹突上的突觸，接收來自其他神經元的訊號。緊接著，通常是負七十毫伏（一毫伏相當於千分之一伏特）的細胞內部電位，會稍微朝正極的方向轉變，如變成負六十五毫伏。這個被細胞膜隔絕的內部電位稱作膜電位，而這個朝正極方向的變化則稱作興奮性突觸後電位（excitatory postsynaptic potential, EPSP）。其持續時間會依突觸與神經元的狀態而有所變動，但頂多維持十毫秒（一毫秒相當於千分之一秒），就會恢復原狀。但是，在這十毫秒內來自眾多突觸的輸入訊號會一同抵達，讓興奮性突觸後電位變大，大約在超過負五十毫伏左右的閾值時，膜電位就會在瞬間從負極變成正六十毫伏左右。這個變化會在極為短暫的時間內（一到二毫秒）結束，馬上恢復原狀，而此一時之間的正電位就是神經元產生的電訊號。這個稍縱即逝的尖銳電位波形，也是脈衝一詞的由來（圖1-2 d）。

就讓我們用物質的移動，來說明該訊號是怎麼產生的。引起膜電位發生變化的主要物

＊審訂注：自二〇〇九年神經科學界的共識是，大腦只有八百六十億個神經元，而其中又只有十九%位於皮質區。

質，是同樣都帶正電荷的鈉離子及鈣離子，尤其是鈉離子的移動扮演特別重要的角色。當神經元透過突觸接收來自其他神經元的訊號時，細胞表面上受體的小孔（鈉離子通道）就會開啟，而鈉離子便會從該處流進細胞內（圖1-2 a），讓膜電位稍微朝正極方向轉變。但是，由於鈉離子通道馬上就會關閉，這個朝正極方向的轉變也會馬上恢復原狀。然而，若是在這個短暫的時間內接收到來自多個神經元的眾多訊號，其他鈉離子通道也會開啟，而該處也會流進更多鈉離子（圖1-2 b），這就會讓膜電位的變化更接近正極。就這樣，只要朝正極方向的變化達到閾值，對這些電位變化產生反應的通道（電壓門控離子通道，voltage-gated ion channels）就會大量同時開啟（圖1-2 c）。緊接著，大量的鈉離子就會傾洩流入，讓膜電位一口氣變成正電位，產生脈衝，也就是所謂的訊號（圖1-2 d）。

這個訊號之所以只能短暫出現，理由是鈉離子通道會在短時間內關閉，但鈣離子通道則會持續開啟，讓鈣離子自細胞內部流至外頭。

簡單來說，雖然神經元發出的訊號，確實能以短暫脈波狀的電訊號形式測量，但那是基於離子通道這個孔的開閉，以及鈉離子與鈣離子的移動所產生的電位變化，和我們使用的電器中的電流，也就是電子的流動有著本質上的差異。

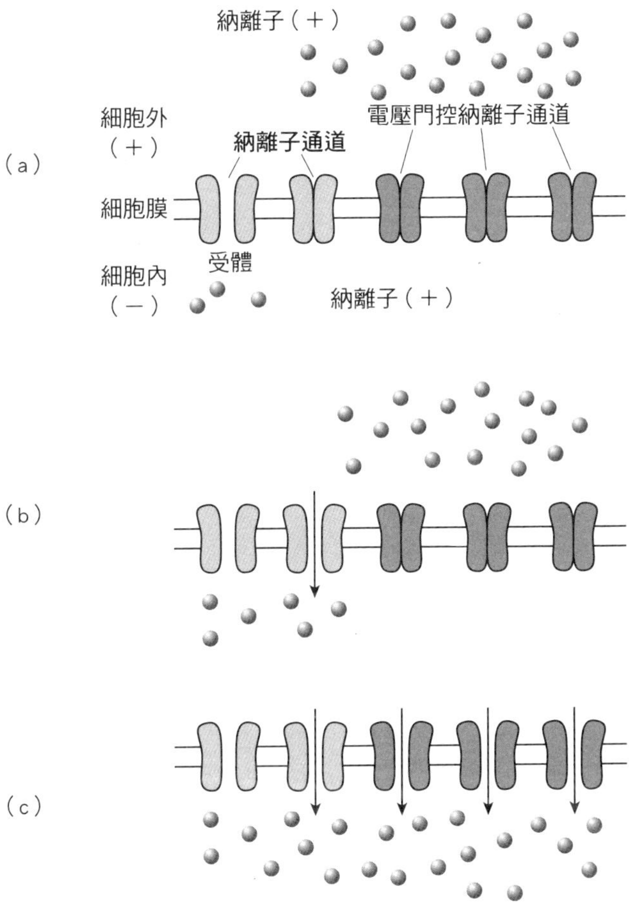

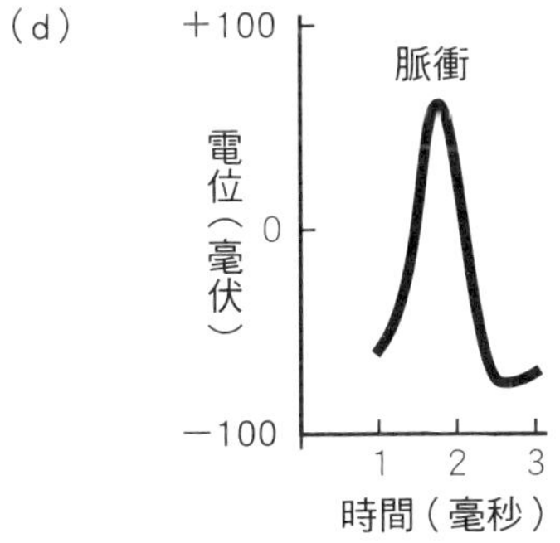

圖1-2　改變細胞內電位（膜電位）的通道開閉與鈉離子的移動。當通過鈉離子通道的鈉離子量增加時，負的膜電位就會變小（a、b），若是它又進一步變得更小，電壓門控鈉離子通道就會一口氣開啟，讓大量的鈉離子流入細胞內（c），藉此讓膜電位一舉變成正值，產生脈衝（d）

訊號生成的未解之謎

到目前為止的解說，或許聽起來就像教科書般無趣，但可能已經有人開始抱持一個莫大的疑問了。在先前神經元放電的解說中，提到「神經元會藉由突觸接收來自其他神經元的訊號……」，也就是說，若是要神經元放電，那麼將訊號傳遞至該處的神經元也必須放電。但是那個送出訊號的神經元，若是沒等到負責將訊號傳遞至該處的神經元放電，那它也自然不會放電。由此可見，神經元無法憑一己之力放電，永遠都是需要仰賴他方的存在。若是如此，那麼腦部的訊號究竟是如何產生的呢？當我們自發性地思考與行動的時刻，照理說腦部的某處應該會產生訊號才對。但是，既然神經元無法自發性放電，那自發性的思考與及行動就不可能實現。

當然，就算找遍整個腦中，也不會發現任何一個能獨立放電的神經元。出於這個原因，腦部的自發性活動，亦即人類的自發性究竟是何以誕生的謎團，也自此浮上檯面。甚至有人認為，到頭來人類根本不具備所謂的自發性，那終究不過是一種錯覺，其實這只是腦部基於連本人都不知道的外界刺激與體內刺激在活動罷了。像知名的帕夫洛夫古典條件制約，就是只要反覆向狗呈現「鈴聲與飼料」的成對組合，就能讓狗光是聽到鈴聲就流出唾液。此時鈴聲發揮的效用，就是引發「促使唾液分泌的腦部活動」的條件刺激。例如，有些人認為（這些人多半是信奉帕夫洛夫古典條件制約的追隨者）像這樣的條件刺激，其實總是無形出現於各式各樣的情境中。這讓我們周遭充斥著無數並未浮現於意識層面的條件刺激，而它們才是引發腦部活動的始作俑者。

像這類探討腦部自發性的研究，也和既往以來腦科學家與哲學家共同研討的「自由意識是否存在」的問題密切相關。順帶一提，過去也有腦科學家（諾貝爾獎得主）真心相信有某種超自然的存在從外界直接作用於腦部，才讓腦得以運作。我也有聽過那場演講，但若是把話題扯到那裡，就真的沒什麼好談了。誠如所述，這個論點可說是毫無商榷的餘地。就現階段而言，我們只能說腦部自發性活動的起始點依然成謎，並暫時接受那些無法自發活動、必須相互依賴的神經元，或許能透過互相交織協調，藉此孕育出自發性這個抽象的假說。

由物質傳播訊號

神經元的放電（也就是訊號），會透過軸突傳遞出去。像這樣的訊號傳播，是透過軸突表面的鈉離子通道一連串的開啟與關閉，讓鈉離子一個又一個移動，藉此產生連續性的電位變化，這和流動於電線中的電子可說是大相逕庭。接著，當訊號到達軸突最尾端的軸突末梢時，位於末梢部分細胞膜的鈣離子通道會開啟，讓鈣離子流入軸突末梢內。這樣就會觸發神經傳遞物質自軸突末梢排放至突觸間隙。而這也就是傳遞至下一個神經元的訊號，一旦這個訊號作用於接受方的神經元受體時，鈉離子通道便會開啟，造成鈉離子的移動與膜電位的變化。

由此可見，輸入神經元的訊號指的並不是電訊號，而是神經傳遞物質。然後，接收神經傳遞物質的神經元膜電位會超過閾值，出現尖峰，就表示電訊號已順利傳遞出去。

另外，神經傳遞物質種類繁多。除了促進下一個神經元放電的興奮性傳遞物質（如谷氨酸等）之外，還有抑制神經元放電的抑制性傳遞物質（如γ－胺基丁酸〔GABA〕等）。除此之外，甚至還有神經傳遞物質能長期停留於突觸，增強或抑制其他興奮性傳遞物質或抑制性傳遞物質作用（如多巴胺與乙醯膽鹼等）。

必遭退貨的劣質性能

如前所述，我們已經知道神經元是產生並傳遞腦內訊號的基本元素，但它的性能差勁至極，無論是訊號的產生或傳遞都極度不穩定且毫無效率。如果把它想成電器產品中的零件，就相當於必遭退貨的瑕疵品。

首先，大腦皮質的神經元放電毫無規律，在多數情況下總是此起彼落地放電。這是稱作自主性放電的現象（這個用語指的是在沒有促發放電的刺激或行動時亦處於放電狀態，並非代表神經元自發性地放電），神經元無法只在有需要時發出訊號。這是透過記錄處於活動狀態的動物，亦即運作中的腦部神經元的放電情形，就能清楚得知的事。另外，透過放電而產生的訊號在軸突上的傳遞速度，雖然會依神經元或軸突的種類而異，但大致上是時速一百五十到六百公里。或許你會覺得這樣也夠快了，但在電線或電器產品中流動的電訊號速度高達時速十億公里，與此相較它的速度就只有數百萬分之一，可說是慢到不行。其箇中理由正如同前述，是因為它的傳遞方式並非像電線中電子的流動，而是透過軸突上的離子通道一次次地反覆開閉以及離子的移動所致。

我們也可由此清楚得知，電腦能以遠遠超出人類的速度進行計算、處理資訊的理由。論速度，大腦是完全贏不過機器的。

另外，脈衝這項訊號就像數位訊號一般，屬於形式固定的電位變化。基於這個理由，當它要傳遞更多數量與種類的訊號時，它無法改變電訊號的大小，只能透過改變放電頻率來傳遞。但是，幾乎所有神經元的放電頻率都介於一秒〇・一次到五十次左右的範圍內。即使是在頻率最高的情況下，一秒放電一百次左右就是極限了。也就是說，神經元能搬運的訊號種類與量都非常少。而且，放電的間隔也不穩定，近乎隨機。不過，這也不是完全隨機。若是觀察每一次脈衝之間的時間間格分布，會發現大多數神經元很少有極短暫的時間間格空檔，最常出現的是稍短的空檔，然後隨著時間間格的增加，出現次數便會急速遞減，呈現卜瓦松分布（Poisson distribution）。這是會在某個範圍內產生高頻率訊號，偶爾也會產生低頻率訊號的模式，屬於缺乏彈性與多樣性的訊號類型。

就像這樣，我們的腦部居然是以這種不規律、低速又缺乏多樣性的訊號搬運為基礎進行運作，乍聽之下實在是非常難以相信。順帶一提，現在普遍使用的高性能電腦中央處理器（CPU），已經能在一秒內從事一百億次左右的演算，而在其中流動的訊號更是具備完美的規律性，無論是量或速度都遠遠凌駕於人腦。

訊號傳遞如同擲骰子遊戲

既然神經元是傳遞訊號的基本元素，那麼傳輸於軸突上的訊號要是沒有抵達下一個神經元（沒讓下一個神經元放電）就沒有任何意義。但是我們已經得知，這個如同傳遞接力棒般的神經元間訊號傳遞是機率性的，而且效率極其低落。某個神經元放電產生的訊號透過突觸讓下一個神經元放電的機率，稱作突觸貢獻度（或簡稱貢獻度），意思就是它對下一個神經元的放電作出多少貢獻。至於實際在運作的大腦皮質中，幾乎所有突觸的貢獻度都介於〇・

〇一至〇．一之間，平均大概在〇．〇三左右。也就是說，位於突觸前端的神經元（突觸前神經元，presynaptic neuron）就算放電傳遞訊號，接受這個訊號的神經元（突觸後神經元，postsynaptic neuron）放電的機率，只有介於每一百次中的一次或每十次中的一次之間，平均下來大約是三十次中才有一次。而且，我們很難預測突觸後神經元什麼時候放電，幾乎說是完全隨機也不為過。由此可以看出，神經元是像擲骰子般地傳遞訊號。而且，那個骰子是可以擲出一到一百的百面骰，但能成功放電的只有少數幾面。

在某些情況，也有人會將突觸貢獻度解釋為〇．八左右，但這些都是運用培養出來的神經迴路標本，或是將腦切成薄片標本的實驗結果。由於這類標本能在做實驗的同時，透過顯微鏡觀察藉由突觸相連的神經元，因此有辦法透過人為的電刺激讓突觸前神經元產生訊號、運用特殊的藥品讓神經元產生高頻率的訊號，並精確地測量突觸後神經元放電的機率。但是，像這樣的實驗終究只是在觀察切割出來的神經迴路運作，而且還利用電刺激或藥品等異常的方法強迫神經元放電。

我們實在難以想像這樣的實驗結果，會和由數量龐大的神經元綿密相連、活生生運作的真實腦部所產生的現象一模一樣。事實上，這兩者之間的確大不相同。

2 如何才能得知腦部運作的真相？

讓我再重申一次，本書所提及的神經元性能與隨機性的神經傳遞，指的都是活動中的動物，也就是從實際運作的腦進行記錄得知的結果。由於我們想知道的是，腦部在運作的時候到底發生了什麼事，當然必須記錄運作中的腦。

而這個研究方法的基礎，就是電生理學。這項技術早在八十年前便已確立，就連現在也只有這個方法，能直接並即時測量記錄神經元發出的脈衝。至於從清醒的動物身上進行記錄的方法，也稱作慢性記錄法（chronic recording）。隨著能偵測脈衝的精密電極問世、放大脈衝的電子電路的微型化，以及存取並解析資料的電腦性能的提升，讓慢性記錄法的技術在近二十年來突飛猛進。

同時記錄多個神經元

慢性記錄法是在距神經元非常近的地方，插入由細小金屬製成的電極（記錄電極），藉此以電訊號的形態檢測出脈衝（圖1-3）。由於這是在細胞外側進行記錄，所以又稱作細胞外記錄法。另外，由於腦部並沒有痛覺，就算插入電極也不會造成動物的痛苦。如果動物感受到任何一點疼痛，一定會明顯反映在行為上，如蜷縮、過敏反應、逃避行為等。由於動物和人類不一樣，絕對不會忍耐，因此我們反而能輕易得知牠們是否感到痛苦。還有，頭痛並非腦部的疼痛，通常都是腦與顱骨之間、和顱骨連在一起的肌肉與皮膚，或者周圍的血管所造成的疼痛。但是，由於當腦部發生重大異常變化時，也有可能壓迫或刺激周遭，進而引發頭痛，

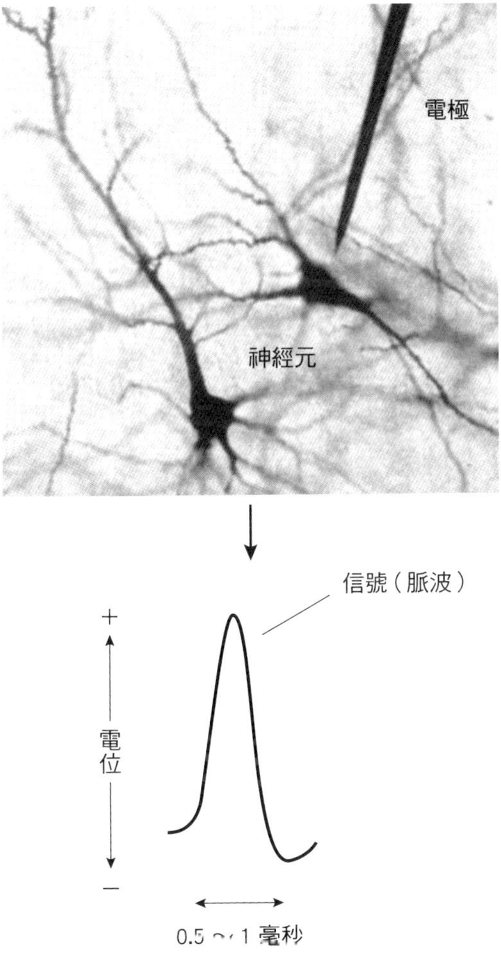

圖1-3　運用細胞外記錄法檢測出神經元的訊號（脈衝）（改編自 *Scientific American*, 241(3), 1979。©Fritz Goro）

因此這並不代表我們可以輕忽頭痛的威脅。

記錄電極尖端的直徑，大約是一到二十微米（一微米相當於千分之一毫米），遠比頭髮還更細。將電極尖端刺到神經元的附近，便能偵測神經元發出的脈波，並記錄其增幅。如果不將電極刺向神經元周遭，而是刺進其內部的話，雖然能更精確地測量脈波，但被刺到的神經元過一段時間會死去，便無法長期進行記錄了。另外，由於這是從活動中的清醒動物身上進行記錄，因此如果電極因動物的活動而產生任何一點偏移，就會大幅改變神經元與電極的位置關係，便無法測量同一個神經元了。基於這點，全世界的研究者集思廣益出能讓電極牢牢固定於動物頭部的方法，市面上也有販賣專用的裝置。

過去的主流實驗，是細心記錄一個又一個神經元的放電，試圖釐清以某種形態放電的神經元，究竟是以多麼密集的程度分布於何處。直至今日，依然有一部分研究者努力不懈地持續進行這類實驗。但是，腦是由數目龐大的神經元連結而成的綿密神經迴路集合體，光是反覆地在集合體中插入電極，偵測並記錄該電極附近的一個神經元所發出的脈波，實在很難釐清腦部究竟是如何運作的。因此，現在研究的主流是盡可能同時記錄更多神經元的放電現象，而研究者也費盡心思研發出更細的電極，鍥而不捨地試圖讓更多電極能同時插入腦部中。

測量神經元之間的訊號傳遞

從同時記錄的眾多神經元之中，找出藉由軸突直接連結的兩個神經元，並進一步測量這兩個神經元之間究竟傳遞多少訊號（也就是貢獻度），就是互相關分析（cross-correlation analysis）。這項方法非常簡單，就是以A和B兩個神經元為對象，然後去證實當神經元A放電時，神經元B究竟是在A放電前或是放電後的時間點放電即可。

這個方法的基本原理發表於一九六〇年代，絕非新穎，在現今稱得上是古典方法。但是，在這個方法發表的當時，一般研究者很難取得能即時同步記錄兩個神經元的脈波，並同時以毫秒以下的單位計算它們放電時間的高性能電腦（這只是就當時的基準而言），因此很難普及。但是，自一九九〇年代以來，電腦開始得以進行這些運算，讓此方法迅速普及，直至今日仍應用於眾多研究中。

互相關分析的案例如圖1-4所示。這是分別記錄A和B兩個神經元的脈波所得到的結果。橫軸代表時間（毫秒），縱軸代表發出脈波的放電次數。

首先，我們會將神經元A放電的時間點固定設為橫軸的0。接著，再用圖表（相關圖）呈現B究竟是在A放電前或放電後時放電。如前所述，神經元的放電非常不穩定，時間間隔不一，因此如果只記錄幾次放電結果，無法繪製出精確的相關圖。這點可說是適用於大腦皮

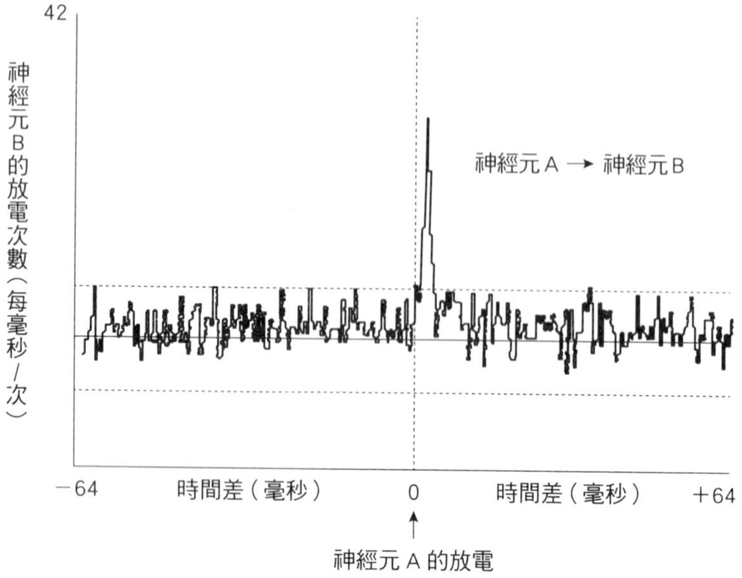

圖1-4　互相關分析的案例。圖中顯示神經元A有確實將訊號傳遞至神經元B。只有超過虛線的高峰在統計上有效（根據實際數據作圖）

質中絕大多數的神經元上，通常我們必須分別記錄兩個神經元各一千次以上的放電，並相加所有結果，才有辦法繪製出相關圖。圖1-4就是相加一千次以上放電而得到的結果。

在圖1-4中，朝中央的0右方1毫秒左右的時間點呈現出高峰。這代表自A放電起經過約1毫秒後，便是B特別容易放電的時刻。由此可以得知，由於在一毫秒這短暫的時間中「A→B的放電」會持續進行，所以這代表A到B之間有直接相連的突觸，而A的脈波（訊號）也會藉此傳至B。另外，當脈波出現於朝左側一毫秒左右的地方時，就意味著在B放電過後，A便會緊接著放電，也就是說明了這是屬於B→A的突觸連結。運用這個方法，我們便能定量觀察兩個神經元之間的訊號傳遞現象。

互相關分析的難處

若是要以互相關分析的結果，做出關於突觸連結的結論，就必須透過統計檢定來驗證這些出現的高峰並不是偶然下的產物。此外，還必須證實這個高峰並非是突觸連結之外的因素引起。而且，以我的經驗而言，就算實際同時記錄許多神經元的放電，並將所有神經元兩兩配對進行互相關分析，在此之中也只有幾個百分比的組合能如同圖1-4般，呈現出某方一毫秒左右的偏移。絕大多數的配對組合，要不是完全沒呈現出高峰，就是呈現的高峰頂點剛好座落於正中央的0點。

毫無高峰的情形非常容易解釋。這代表這兩個神經元完全沒有任何連結。另一方面，若是0點出現高峰的話，就代表這兩個神經元幾乎在同時放電。其實，就算觀察到許多這類高峰，也不需要感到訝異。由於神經元會和其他數千個神經元相互連結，因此用於進行互相關分析的兩個鄰近的神經元，都會和幾乎完全相同的神經群相連。也因此，它們也常常會接收到來源相同的輸入訊號，同時放電的機率自然也很高。基於這個理由，像圖1-4這種案例，是剛好偶然選中既沒有多少共同的輸入訊號、兩者直接連結的關係又極為強力的神經元組合時，才有辦法得到的寶貴數據。

由於分析需要大量的脈波，因此我們需要花費長時間記錄眾多神經元的放電。而且，透過分析該處涵蓋的所有神經元配對，僅能獲得少量突觸直接連結的組合。也因此，收集圖1-4這種數據是非常耗時的。

於是，也有不少人提出各種觀察神經元之間是否有突觸連結的方法。例如，格蘭傑因果關係檢定（Granger causality test）就是更有效率的方法。它的基礎和互相關分析一樣始於一九六〇年代。這項統計方法，可檢驗是否能運用某個時間序列A的變動來預測另一個時間序列B的變動。換言之，它試圖檢驗是否能僅憑A的變動，事前推算出B的變動。這裡將省略詳細說明，由於神經元放電也是屬於時間序列的資料，因此透過一些改良與巧思，可以查出是否能從神經元A的放電來預測神經元B的放電。如果能成功預測，就可判定A的訊號藉由突觸傳遞至B。

另外，雖然中文將此統計方法稱作因果關係檢定，但這並不是在觀察神經元之間的因果關係，而是和互相關分析一樣，都是藉由放電時間上的關係性，推定出訊號傳遞的方法。然而，此方法的計算方式並沒有互相關分析淺顯易懂，也不適用於計算前述的突觸貢獻度。

計算訊號傳遞的機率

透過互相關分析的資料，可以輕易計算突觸貢獻度。以圖1-4來說明，就是將座落於高峰時的神經元B的放電次數，除以繪製該相關圖時所使用的神經元A的放電次數即可。這樣就能用機率的形式呈現出有多少次A放電後，B會緊接著放電。如果A的放電必定會造成B的放電，就代表A的訊號全部會傳遞至B，那麼機率就會是一（一〇〇％）。若是A放電十次大致會讓B放電一次的話，就代表A要傳送十次訊號才會將訊號傳遞至B，那麼機率就會是〇．一（一〇％）。至於實際從大腦皮質記錄得到的結果，則是如前所述，介於〇．〇一到〇．一之間。而且，達到〇．一（一〇％）左右的機率極為罕見，最常出現的結果是〇．〇三（三％）左右。圖1-4的案例也是在約一千次的神經元A放電之中，座落於高峰的神經元B放電次數約是三十次，貢獻度正好就是〇．〇三。另外，神經元B的高峰究竟何時產生，也就是神經元A放電後神經元B究竟會不會緊接著放電，其實毫無規律可言，完全是隨機的偶發現象。

另外也有論文指出，若是扣除那些用培養出來的神經迴路、腦部超薄切片（不自然的腦部標本）所進行的實驗，只總括記錄活著的動物神經元活動的實驗結果，貢獻度就會座落於〇．〇二到〇．二五之間，平均下來則是〇．〇六。但是，在這些研究中，也包含施加會影響神經元放電頻率的麻醉實驗、為了讓某方的神經元進行高頻率放電而對其注入谷氨酸的實驗。除此之外，也有一些研究本來就鎖定那些原本就具有強力連結的特定神經元配對。像這樣的研究，通常都會呈現出相當高的貢獻度，但即便如此也頂多座落於〇・二五以下。清醒活動狀態下的動物，其大腦皮質中神經元之間的貢獻度果然平均還是只有〇・〇三左右，連超過〇・一的情形都很罕見。也就是說，正如同前述，我們腦中從一個神經元傳遞至另一個神經元的訊號，大概在三十次中只有一次能實際傳遞，而且就連傳遞到的時機都無法掌控。

既然訊號傳遞是如此不確實，腦會這麼常出錯也是理所當然的。但是，這個事實也顯示出，儘管我們知道出錯是無可避免的，但此機率看起來未免也太低了。

3 神經元只能靠互相協調來運作

既然神經元間的訊號傳遞在三十次中大概只會成功一次，就意味著腦幾乎都一直在出錯。但是，除非處於特別嚴苛的狀況，否則就實際感受而言，這種事不太可能發生。大多數的情況反而與此相反，我們基本上是偶爾才會出錯。既然這樣，我們的思緒或行動，就不可能是由一個個神經元間的訊號傳遞所決定。腦應該具備能讓在數十次中僅成功一次的訊號傳遞，改良成在數十次中只失敗一次左右的機制。

如何提升傳遞的機率？

說到這裡，各位回想一下前述神經元產生訊號的機制。來自其他神經元的訊號，會讓突觸釋放出神經傳遞物質，而接收到它們的神經元膜電位會在極短時間內稍微朝正極移動，但馬上會恢復原狀。另外我們已經得知，來自於其他神經元的訊號，並非一定能讓突觸釋放神經傳遞物質，幾乎在三次之中就有兩次是完全不會釋放出任何東西的。這就是訊號沒有傳遞到時會發生的事。

相對的，若是來自於眾多神經元的訊號在短時間內一同抵達，就會讓突觸一口氣釋放出大量的神經傳遞物質，而接收到它們的神經元膜電位就會一口氣朝正極方向大幅移動，如此一來就會因超過閾值而產生脈衝，也就是所謂的訊號。這就是訊號確實傳遞的那一刻。也就是說，在傳遞訊號的時候，區區一個神經元可說是無能為力，只有少數神經元的話也很難傳遞，但若是大量神經元互相協調並幾乎在同一時間傳送訊號，就會大幅提高傳遞到的機率。

那麼，究竟要有多少神經元互相協調，才能確實讓訊號傳遞出去呢？這個問題並沒有明確答案。這不僅會依接收方的突觸後神經元具備的受體數量及性能而異，也會依傳遞方的突觸前神經元能以多少頻率送出訊號而有所不同。不過，我們能斷定的是，越多神經元在相近的時機傳送訊號，就越能確實地傳遞出去。（圖1-5）

大量神經元幾乎在同一時間放電的現象，稱作同步放電。腦部就是藉由同步放電，以更高的機率傳遞訊號。照這樣看來，當腦部越是正確無誤地進行某件事時，理應會呈現出越多同步放電的現象。確實，至今為止已經有許多實驗報告顯示事實如此。

集中精神或正確解答時，會出現同步放電

在集中精神的時候，也就是將注意力聚焦於一點的時候，我們所犯下的錯誤就會減少。我們已經得知，注意力與同步放電是有所相關的。有實驗結果顯示，當猴子在充滿各種刺激的環境下，將注意力聚焦於某個具有意義的刺激時，就會出現神經元同步放電的現象。

這項實驗讓猴子執行兩個會出現相同視覺刺激與觸覺刺激的任務。在其中一個任務中，猴子必須注意視覺刺激的差異並選擇出正確的視覺刺激以得到酬賞；至於另一個任務，則是必須注意觸覺刺激的差異並選擇出正確的觸覺刺激以得到酬賞。研究人員記錄大量位於與觸覺有關的體感覺區神經元的放電，得知當猴子執行必須關注觸覺刺激差異的任務時，有許多神經元都同步放電，但在執行必須關注視覺刺激差異的任務時，卻沒有放電。這項實驗的巧

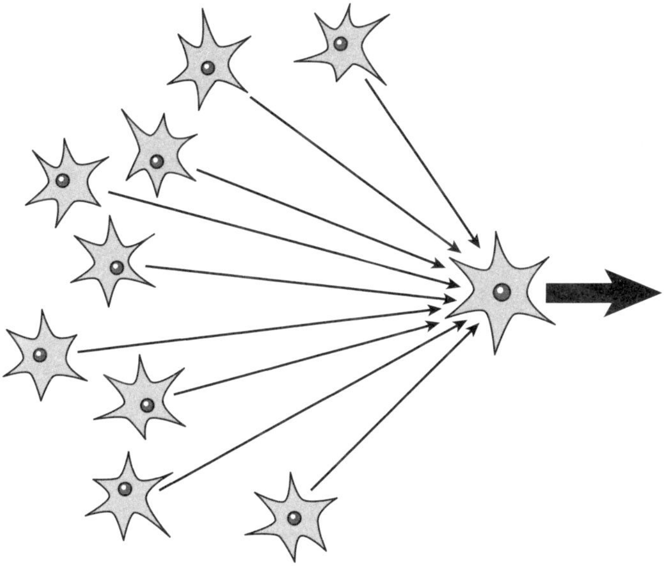

圖1-5 透過大量神經元同步放電來進行訊號傳遞的示意圖

妙之處在於，無論哪項任務都是對猴子呈現物理上相同的視覺刺激與觸覺刺激，也讓它們執行完全一樣的運動（伸手選擇某項刺激的動作）。這顯示出大量神經元的同步放電，並非是對應到物理上不同的感官輸入或運動輸出而出現，而是基於猴子所關注的點而產生。

另外，我們也已經得知，當正確解開某項任務時會出現同步放電，答錯時則是不會出現。這也是透過猴子的實驗而得知的。這項實驗是在短暫的時間間格內，依序向猴子呈現兩項視覺刺激，並讓牠回答第一次和第二次的形狀相同或相異（圖1-6）。當然，猴子無法透過口頭或書寫作答，因此若是兩個圖形相同（圖1-6 a），

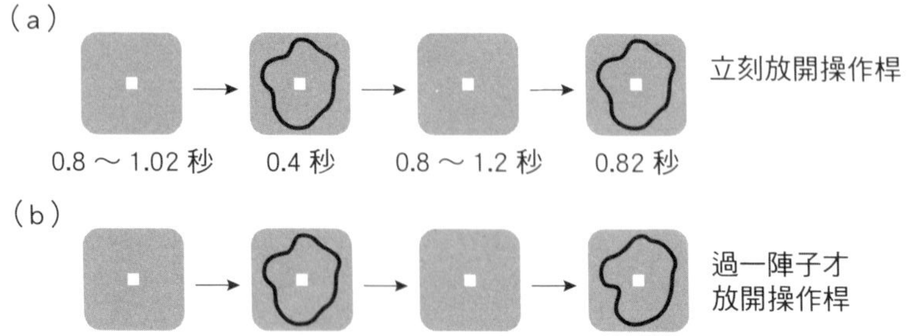

圖1-6 猴子觀看的顯示器所出現的圖形（改編自 Tallon-Baudry et al., 2004）

就必須立刻放開原本一直按壓的操作桿；若是圖形相異（圖1-6 b），就必須再持續按壓操作桿一陣子再放開。然後，若是答對就會給予酬賞，並告知猴子牠的回答正確。若要解出正確答案，就必須記住第一次的形狀並和第二次的形狀進行比較，因此這是屬於測試短期記憶的任務。這項任務必須在形狀上下功夫，讓兩個圖形乍看之下很難察覺出差異，使猴子不得不進行比較，產生一定比例的失誤。此外，研究人員還會在猴子執行這項任務時，從顳葉記錄大量神經元的放電，以及相當於神經元膜電位活動集合體的局部場電位（local field potential, LFP），觀察到在作答正確時神經群的同步放電，以及產生同步放電時局部場電位所出現的律動性活動，至於作答錯誤時則無法觀察到這些現象。

除了猴子之外，許多利用大鼠進行的實驗，也顯示出相同的結果。例如，有實驗讓大鼠執行依照聲音與光線組合的不同，選擇前往不同場所的任務。若是選擇出正確的場所就會給予酬賞，並告知大鼠牠的回答正確。接下來，研究人員在大鼠執行這項任務時，記錄和短期記憶等功能有關的海馬迴中神經群的放電，發現如果有出現同步放電，則之後大鼠就能準確無誤地選擇前往正確的場所。

又或者，接下來所要介紹的，是由我曾指導的研究生——中園智晶所進行的研究。該研究從兩種聲音（高音或低音）與兩種光源（來自右方或左方的光）中各選其一並同時呈現給大鼠。也就是說，這會是高音＋右方的光、高音＋左方的光、低音＋右方的光、低音＋左方的光的其中一種。然後，先讓大鼠學習以聲音為線索做出正確的反應（學習聲音規則），接下來再改變規則，讓大鼠學習以光線為線索做出正確的反應（學習光線規則）。隨著大鼠習得變更後的規則，其海馬迴便呈現出局部場電位的律動性活動，意味著海馬迴的神經群出現了大範圍的同步放電現象。當然，隨著學習有所進展，正確次數會跟著增加，酬賞也會變多。但這個同步放電現象並非是因酬賞而產生，而是基於學習新的規則讓正確次數增加而出現。

在學習過程中會出現同步放電

早在很久以前，我們便已知道海馬迴在記憶的形成（也就是學習）中扮演重要的角色。因此，當學習有所進展，海馬迴的神經群出現同步放電現象自然言之成理，實際上的確也有

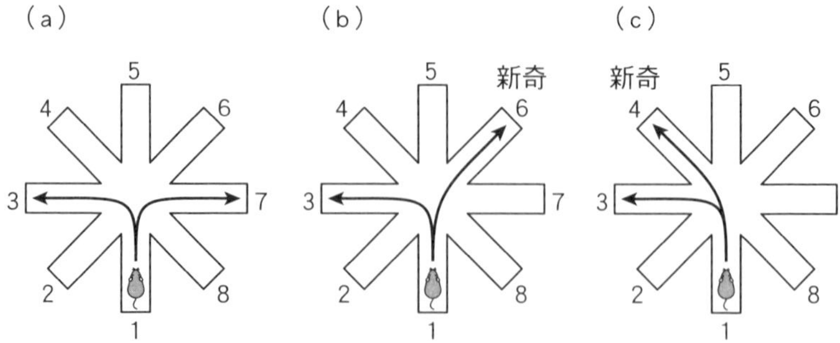

圖1-7 大鼠在放射狀迷宮執行交替反應任務（引用自Chen and Frank, 2008）

許多研究者如此發現。但是，也有很多研究顯示，同步放電並非單純隨著學習進展而增強，若是之後學習夠充分的話，同步放電反而會開始減少。

舉例來說，有一個使用放射狀迷宮進行的大鼠實驗（圖1-7）。該迷宮有朝往8個方向的通道，出發點固定設為通道1，並先讓大鼠學習「由1至3」、「由1至7」、「由1至3」、「由1至7」……交替選擇前往另外兩個通道的任務（圖1-7 a）。接下來，訓練大鼠選擇新奇的通道6來取代原先所選的通道7，雖然最初牠會顯示出些許遲疑的反應，但漸漸就會學習到該選通道6，反覆交替選擇「由1至3」、「由1至6」、「由1至3」、「由1至6」……這個走法（圖1-7 b）。接下來，只要再進一步訓練大鼠選擇新奇的通道4來取代通道6，牠就會反覆交替選擇「由1至3」、「由1至4」、「由1至3」、「由1至4」……這個走法（圖1-7 b）。接著，研究人員記錄大鼠在執行這項任務時海馬迴神經群的放電情形，並針對各個神經元配對進行互相關分析，結果發現已經充分習得該選什麼通道的大鼠，在奔跑時並不會出現同步放電的現象。儘管同樣是在奔跑，但是在學習新奇通道的當下才會出現同步放電。

另有一些研究顯示，這種只會在學習過程中出現的神經元間同步放電現象，也有發現於與記憶相關的猴子前額葉皮質區。例如，有一項研究讓猴子學習當電腦畫面中央出現字母A時將視線向右移、出現字母B時將視線向左移、出現字母C時將視線向上移的任務。出現於中央的刺激並不限於字母，還包括數字與記號，當刺激內容改變，猴子就必須進行新的學習。然後，研究人員記錄下，執行這項任務時前額葉皮質區神經群的放電活動，並針對各個神經元配對進行互相關分析，發現雖然學習途中有出現同步放電，但經過充分學習後同步放電現象就消失了。

這些研究都表明，在學習開始有進展時，也就是錯誤次數減少、正確次數開始增加時，神經群的同步放電現象就會增加。確實，前述我和研究生所進行的研究，只記錄到大鼠剛學會新規則時的情況。或許等到學習進展順利，充分習得之後，同步放電可能就會減少。不過無論結果如何，我們都能藉此得知，若要讓學習有所進展，就需要藉由神經群的同步放電來讓腦中訊號確實傳遞出去。由於只要充分習得，記憶就會以長期的形式穩固下來，海馬迴和前額葉皮質區也不再需要提升訊號傳遞，因此一般認為，這時是另一種負責維持和重現這些固定記憶的機制在運作。

神經元配對同步放電與神經群同步放電現象

截至目前為止，本書所介紹的研究大多都是運用互相關分析調查神經元配對，也就是兩個神經元間的同步放電。雖然在理論層面上，也有幾種一次檢測出產生於三個以上神經元間同步放電的方法，但它們都難以運用於實驗中。基於這個理由，研究者只能採用將記錄的神經群分別兩兩配對，觀測它們同步放電的方法。

在這樣的情況下，假設有一個神經元C向神經元A、B雙方輸出訊號，那麼一旦當C放電，接受其輸入訊號的A、B便會同步放電。也因此，常有人會對此批評，表示A和B的同步放電只是反映出C這個神經元的放電罷了。然而，這樣的批評並不正確。我們已經詳細解說過原由，那就是當一個神經元放電時，從該神經元接收輸入訊號的神經元放電的機率（貢獻度）非常低，大約只有一%到三%，而且就連什麼時候放電也完全隨機。換言之，就算C放電一百次，A或B放電的次數也只有一到三次，且都是隨機的，因此要A和B同步放電是非常罕見的事。也就是說，僅憑C的放電，根本不可能控制A與B同步放電。而且，為了讓一個神經元確實放電，需要由大量神經元同步將訊號傳送至該處。由此可知，當兩個神經元同步放電時，就代表有許多神經元對這兩個神經元同步傳遞訊號，也就是它們之間存在同步放電的現象。

總之，當檢測出兩個神經元有同步放電現象時，就代表其背後存在著龐大數量的神經群在同步放電。

神經元同步放電的原因？

至今大腦仍充滿許多根本上的謎團。先前介紹的「腦是如何自發性活動」就是其中之一，而此處所述的神經群同步放電，也存在著一個非常類似的謎。那就是我們並不知道是什麼機制能讓神經群同步放電。這個問題也和自發性活動一樣，由於神經元只能靠接受其他神經元的放電來放電，因此根本就無法靠自身同步放電。

在這些情況中，認知科學常使用「接受○○指令」或「由○○控制」來進行解釋。「○○」可以是前額葉皮質等腦區的名稱，也可能是某種控制系統的名稱。但是，這樣的說明根本毫無意義。因為它並沒有解釋這些「○○」究竟如何得知自己應該讓神經群同步放電。若是進一步宣稱它們是由別的「○○」進行控制，那就會更不知所云，只是在重複相同的疑問罷了。也就是說，這只是以「A由B所控制」→「B由C所控制」→「C由D所控制」……的方式敘述問題，最終只會陷入無窮倒退的迴圈中。至於認為腦中存在著一個能知曉並控制一切的全能部位（字面上的全腦之神）的觀念，當然也不可能成立。

關於這個謎團，目前我們只得到一種答案。那就是讓神經元以集體形式同步放電的，應該就是神經群自身，或是包含它們、且範圍更廣的神經群。

由具有相同功能的個體所組成的群體，自主控制自身的案例，確實存在於自然界。例如，白蟻或蜜蜂雖然沒有統率的個體或群體，卻能築出巨大的巢。在這之間只需要個體間的溝通（訊號傳遞）。另一個例子是，螢火蟲群體的同步閃爍，是群體同步活動的知名案例，但在此之中並沒有負責指揮的螢火蟲，其背後的機制至今尚未釐清。

我們體內也有類似的同步活動。如胰臟中，胰島是由細胞構成的集合體，每個胰島大約有兩千個胰島β細胞。由於胰島β細胞會像神經元一樣放電，因此能透過集體同步放電且律動性地分泌胰島素。此外，胰臟內約有一百萬個胰島，而這些胰島也會同步活動，律動性地釋放出由胰島β細胞所分泌的胰島素。然而，胰島β細胞的集體同步放電機制，以及胰島集體分泌胰島素的機制，也尚未釐清。

在探討這些現象的機制時，光看實驗資料是很難考證的，因此必須借助理論的力量。平均場論（mean-field theory）或許就能提供一些啟發。這個理論認為，平均場在支配各個成員行動的同時，也由成員的整體行動所塑造，被稱作「個體與場的交互回饋」。如果將「成員」代換為「神經元」，並將「平均場」想成「腦中的集體電活動」，就表示腦中的集體電活動在支配個別神經元的同時，也能控制整體的行動。或許從中能找到一些神經群控制神經群機制的線索。

無論是電腦，或是公司、大學這類社會組織，都是由人類創造出的系統，幾乎皆有最上層的控制中樞（指揮中心，control center）。然後，這些系統只要透過控制中樞單方向發出的指令，就能控制其他裝置、集團或個人。但是，腦所採用的是超越人類的設計思路，具備獨有的自律控制方法。這個方法完全不具備特定指揮中心，而是由群體控制群體自身，就是所謂的「究極民主主義」。

另外，還有許多研究顯示，神經群同步放電的節奏紊亂，可能和思覺失調症或憂鬱症有關連。既然同步放電是正確執行訊號傳遞不可或缺的要素，那麼節奏紊亂會導致大腦功能異常，確實也不足為奇。

專欄1

為什麼腦機介面難以實現？

藉由連繫腦部與機械，讓機械全依照我們的意思運作的系統，就是所謂的腦機介面（brain-machine interface, BMI）的研究，自正式起步至今已超過二十個年頭了。然而，即便到了今日，這項技術的實用化依然是遙遙無期。動物實驗和人類臨床試驗的確都有進展，但這並不像部分人士想像的那麼容易。其實，應該這麼想「只有經過短短二十年」，而在初期階段就對實用化投以期待並不正確。這是因為BMI所需要的訊號，也就是發生於清醒動物或人類腦中的活動真面目，根本尚未得到充分釐清，無法用來當成操作機械的訊號源。

部分沒有電生理學（尤指慢性記錄）實驗經驗的研究者，常會將腦部活動誤解為如同電腦般恆常運轉而安定。又或者，他們可能會認為運動區的神經元與身體肌肉一對一相連，而神經元的放電也完全能因應至運動上。但是，一樣的運動並不一定是由相同的神經元所產生。另外，就算相同的神經元有所活動，也並不代表總是會產生一樣的運動。同樣一個運動，每次都是由稍微有點不同的神經群所參與，這是腦部非常重要的特性，也是任何人都能透過實驗來確認的事實。

另外，如同本章所述，神經元的放電並不穩定，神經元間的訊號只能以機率性的形式進行傳遞。這意味著神經群的放電也只能機率性出現。要檢測出這種機率性放電，並將其對應至動物或人類的意圖或意志上，是關於腦科學的資訊呈現與資訊編碼這項宏大研究主題的一部分，相關研究已在全世界進行了超過半世紀以上。這些研究成果都是BMI不可或缺的，但是它們目前依然不夠完備，而且很難取得。

透過神經群的放電來檢測出現於腦中的意圖或意志，意味著將心智視為腦部活動並能加以識別和檢測。若腦科學最後一道未竟之業是試圖從生物學、物理學的層面解開心智之謎的話，那麼這顯然就是腦科學的究極目標了。為了實現這個目標，研究人員自一九七〇年代後期以來，便試圖透過同時記錄神經迴路眾多神經元的放電，藉此從中讀取特定資訊，而這樣的研究也逐漸有所進展。我們必須正確地理解，出版於一九九九年首篇正式的BMI研究論文，是奠基於橫跨過往半世紀研究的延長線之上。實際上，在這之後發表的BMI動物實驗，雖然顯示出與猴子活動手臂的意圖相對應的神經元放電，廣泛分布於運動區中近乎所有的神經元，不過每個神經元都是機率性地放電。另外，人類的臨床試驗也顯示出相似的結果，當試圖操作機械時，運動區神經元的放電也是隨機且變化莫測的。即使從相同的神經群檢測出放電，有時能成功控制機器，有時則無法做到。

若是能將這種分散而隨機的神經群放電，對應至心智層面的意圖與意志，那麼ＢＭＩ便能成真。至於是否能實現這一點，就要取決於今後腦科學的進展了。

第二章

大腦就是因為會出錯才能創新

——創造功能、高階功能與修復功能

1 腦部活動的律動與創造

腦是透過神經群的同步放電，彌補個別神經元之間低機率而不確實的訊號傳遞。為了達成這個目的，腦必須毫不間斷地反覆進行自發性的同步放電，而這也會呈現出具有某種節奏的律動現象。但是，由於組成這個群體的每一個神經元，依舊只能透過低機率而不確實的訊號傳遞來放電，所以無論是群體的同步放電，或是由此而生的律動，都無可避免地會產生一定程度的變動。因此，我們不但無法完全將訊號傳遞的錯誤排除在外，就連發生錯誤的機率也會因同步放電的神經元數量、訊號接收方的神經元狀態而有所變動，一點也不穩定。結果這就讓人類無可避免地不時出錯，甚至連何時會發生錯誤都無從預測。但是，出錯這件事似乎也能帶來好處。那就是產生新的點子，也就是所謂的創造。

毫不間斷地自發性律動

幾乎所有位於大腦皮質的神經元，平時就會零星放電，前述已提及，該現象稱作自發性放電。比方說，就連視覺區或聽覺區等被認為是要接收到來自外界的刺激才會放電的感覺區神經元，其實就算在沒有刺激的時候也會反覆放電。清醒時大腦的放電頻率大多是數赫茲

（一秒內數次），放電的時間間隔並沒有明確的規律。至於自發性放電出現的理由，是因為一個神經元大多都具有數千個突觸，而每一個突觸都會「一直」接收到來自其他神經元自發性放電所產生的數赫茲訊號。假設傳遞訊號的神經元自發性放電為五赫茲，而接受這個訊號的神經元具有五千個突觸的話，就代表它每秒都一直會接收到兩萬五千次訊號。當然，像這種龐大的訊號會一直讓接收方的神經元膜電位產生變化，當大量的訊號湊巧重疊在同一時間抵達，膜電位便會突破閾值並造成放電。

就像這樣，幾乎所有神經元都反覆進行不規則的自發性放電。然而，雖然說是不規則，但從神經群的觀點來看，並非完全隨機。這是因為神經元多會和群體同步放電，而在其中能觀測到一種具有節奏的律動。只要觀察那些孕育出同步放電的神經群膜電位變化，就能清楚看出這些律動。

舉例來說，有項研究運用會對膜電位產生反應的電壓敏感染料（voltage-sensitive dyes, VSDs），同時記錄貓的視覺區數個部位神經群的膜電位變化。研究結果顯示，即便是在沒有視覺刺激的時候，膜電位依然一直自發性地產生具有節奏的律動。像這種由神經群進行的現在進行式（on-going）活動及自發性的律動，甚至能讓視覺區中距離甚遠的群體之間也產生同步（圖2-1）。

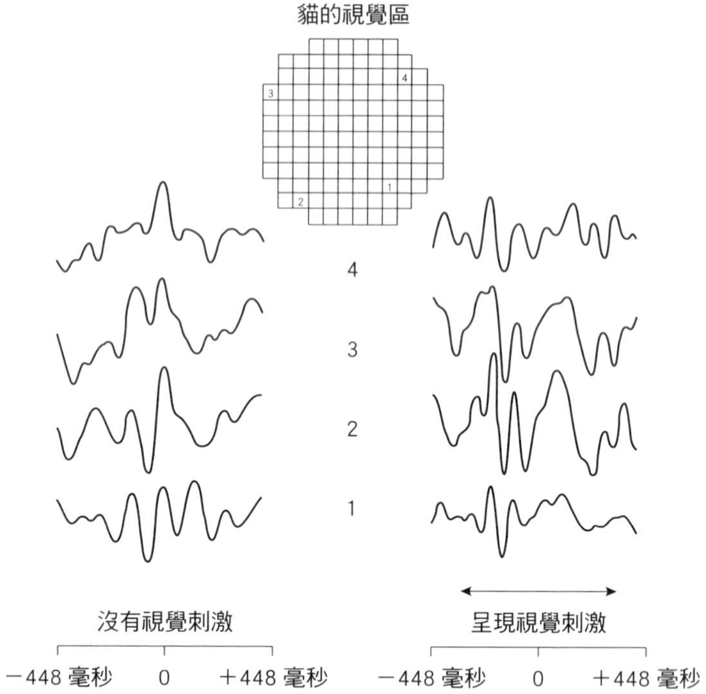

圖2-1　貓的視覺區神經群的同步律動性活動。視覺區的一個方格代表0.2平方毫米。下方是依照方格編號順序排列整理出的膜電位記錄內容。左側是沒有視覺刺激時、右側是呈現視覺刺激時的膜電位（改編自Arieli et al., 1995）

確實，既然記錄的是視覺區的神經群，若是讓貓觀看視覺刺激，其活動也會有所增強，但變化程度不過是自發性活動時的兩倍左右而已。我們對感覺區神經元抱持的想像，往往是沒有刺激時就毫無動靜，當刺激出現時才會開始放電，但實際上腦並不是這麼運作的。

不過，這項研究為了正確判讀電壓敏感染料造成的顏色變化，對貓施以麻醉並固定其頭部。由於麻醉有可能會增強腦的律動性活動，因此該研究並沒有明確指出這個現象是否也會發生於清醒的腦中。然而，根據最近的研究顯示，清醒動物的視覺區也會產生相同的自發性律動，而且這個範圍不僅限於視覺區，而是廣泛出現於整個腦部。

事實上，整個腦部一直自發性地產生律動性的同步放電，也不是什麼意外的事。畢竟只要在我們的頭皮貼上電極記錄腦波，就會發現無論是從腦的何處進行記錄、無論我們正在做些什麼，都能記錄到具有**規律的律動性**腦波。在一般情況下，無論是頭部中多麼小的部位，基本上都絕不可能出現腦波完全失去律動的狀況。

但是，在頭皮上記錄的腦波，會因貼在頭皮上的記錄電極與腦部之間存在著顱骨這個難以讓電流流通的物體，而無法正確掌握腦部活動。儘管如此，我們還是能觀察到這種具有律動性的腦波，就代表腦中無時無刻都進行著大規模神經群的同步放電，而造成這些活動的膜電位也隨時都在產生同步性的變動。順帶補充，出現於腦中各個部位的自發性律動，相當於腦部在沒有從事任何任務時所產生的活動，因此也被稱作腦部的預設模式活動。由於呈現出預設模式活動狀態的腦區，也有可能會相互同步，這被統稱為腦部的預設模式網路（default mode network, DMN）。

自發性律動與失誤

至今為止，已經有很多研究指出，腦部的自發性律動與各種任務失誤之間的關聯性。然而，這些研究幾乎都是來自於人類實驗，並沒有直接測量神經群的同步放電或膜電位的變化。這些研究運用的是在頭皮上記錄到的腦波（EEG），或讓受試者進行功能性磁振造影（functional Magnetic Resonance Imaging, fMRI）所測得的影像。

如同先前所述，由於頭皮上的腦波是隔著一層顱骨，因此只能顯示腦部表面的活動，空間解析度（Spatial Resolution，記錄腦部表面範圍的最小單位）也僅足以辨識平方公分單位的範圍。然而，儘管精準度低、又是間接性的記錄，但是能以律動的波形形式，輕易地即時記錄大規模神經群的同步放電及膜電位的同步性變化。

另一方面，fMRI不但能測量腦部內部的活動，空間解析度也較高，連基本規格的裝置也能達到數毫米以內。不過，這終究不是直接測量神經群的放電。簡單來說，它所測量的只是神經元放電時所需要的新鮮血液（含有較多氧氣的血紅蛋白）的變化量罷了。也就是說，由於測量的是血流這個緩慢的現象，自然會較神經群的放電還要晚數秒。另外，在測量時需要將頭部放進高磁場且噪音激烈的狹窄裝置內，完全不能移動，因此常有因不習慣而緊張的情形（特別是有幽閉恐懼症的人就無法使用），在狹窄的裝置內能執行的任務也有限。即便如此，fMRI具備空間解析度較高、能正確同時記錄並測量多個腦區活動的優勢，因此，這項技術現在常被運用於和預設模式腦部活動的自發性律動相關研究上。

例如，測量執行側翼作業（flanker task）時腦部活動的實驗，就是運用fMRI調查腦部自發性律動與作業失誤間的關連。所謂的側翼，是指在橄欖球或美式足球比賽中，配置於隊伍兩側的球員。這個作業非常單純，就是當設置於眼前的顯示器中央瞬間出現的箭頭朝向右邊時，就按下右手的按鈕；朝向左邊時，就按下左手的按鈕，盡可能越快越好。但是，在中央快要出現箭頭之前，位於兩側的地方會瞬間出現彷彿側翼般的數個箭頭，而它們的方向有時會和隨後顯示於中央的箭頭相同、有時則是相反。若是方向相同，受測者能正確判斷中央的箭頭朝向何方，不會出錯；但若是方向相反，受測者在判斷中央的箭頭方向時就會產生混亂，出錯次數也會變多。這項作業的巧妙之處在於，中央的箭頭呈現時間只在一瞬之間（〇．〇三秒），而造成混淆的側翼箭頭不僅數量多，呈現時間也稍微長一點（〇．〇八秒）。

另外，若是查看執行作業時的fMRI結果，會發現在按下錯誤按鈕中，前額葉皮質區和運動輔助區等廣泛部位的活動，都會在三十秒、甚至更早之前就開始發生變化。也就是說，只要觀測腦部活動，就能在箭頭出現並按下按鈕的三十秒前預測是否會失誤。順帶一提，這種呈現出能預期失誤的腦區，和與自發性律動一同呈現預設模式網路活動的腦區幾乎完全一致。

這個結果告訴我們，腦部活動能夠預期失誤，更意味著，若是在出現自發性律動等特定活動模式時執行作業，會特別容易出錯。

另外，也有在實施心理學常用的斯特魯普測驗（Stroop Test）時，進行fMRI的研究。所謂的斯特魯普測驗，是在讓人回答關於某項資訊問題時，同時給予和它矛盾或一致的其他資訊，並進而比較解答時的正確率和反應時間。

最常用的方法是讓人回答寫在卡片上文字的顏色。例如，測驗中既會出現以紅筆字寫下「紅」與顏色資訊一致的情形，也會出現用紅筆字寫下「黑」與資訊相異的情形。當然，後者比較容易出錯，就算正確回答出是紅色，也會因判斷產生遲疑而讓反應時間變長。研究者在測驗過程中進行fMRI，發現前額葉皮質區和扣帶迴等處，在卡片出現前就已經出現自發性律動的變化。根據這些變化，就能預測從看到卡片至做出回答所需的反應時間。

當然，這種人類的fMRI研究，無法詳細得知腦中實際發生的現象。我們只能知道腦某個部位的血流量相較其他部位是增加或減少，而且在大多數情況下，這些增減量都只有幾個百分比而已。另外，這些血流量變化都較該部位產生的神經群放電慢上數秒，關於時間上的資訊並不精確。不過，我們足以透過fMRI的資料看出腦部連續產生的自發性律動，而這些自發性律動確實是出自於神經群的同步放電。鑑於神經群的同步放電能更加確實地傳遞訊號，那麼自發性律動便會左右訊號傳遞的精準度，最終造成不時出現失誤的結果也不足為奇了。

從出錯中誕生的點子

腦部的訊號傳遞是隨機的，而且機率會依神經群同步放電的律動而無時無刻地變化。我們的腦總是在這樣的狀態下，日以繼夜地運轉。既然如此，就算有時訊號傳遞不順利，發生錯誤也無可厚非。這麼看來，人無論再怎麼努力都會出錯，是再自然不過的事了。而且就如同序章所述，光是高呼「集中精神」、「提起幹勁」、「保持警覺」等精神口號，幾乎完全無濟於事。重要的是，正如同研究人為疏失的專家所述，我們必須以失誤必定會發生作為前提，做出減少這些失誤的具體措施。

其實，「做出措施」這件事（也就是創造出新點子），很有可能和出錯有關聯。圖2-2是分別繪製電腦與腦「輸入→處理→輸出答案」流程的模式圖。電腦對於某個問題的輸入，會透過程式確實地進行訊號傳遞及資訊處理，因此只會輸出正確答案（圖2-2 a，當然，若是程式出錯，輸出也會是錯的）。在電腦中「輸入－處理－輸出」之間的關係是毫無歧義的，輸出的內容不可能會讓我們感到意外。但是，當問題輸入腦部時，訊號的傳遞與處理都是隨機的。神經迴路是由數量眾多的神經元連結而成，而訊號究竟會傳遞至這其中的何處，更是充滿歧義。當然，如前所述，由於神經群引起的同步放電會發揮作用，訊號的傳遞方式也並非毫無規律可言，所以這些訊號準確地傳遞至神經迴路，並輸出正確答案的情形還是比較多。正因如此，我們才能幾乎毫無窒礙地度過每一天。

但是，神經群的同步放電也會一直自發性產生律動性的變化，因此會不時無法將訊號確實傳遞出去、通向意料之外的神經迴路、以一定的機率輸出無法預期的失誤（圖2-2 b）。換言之，腦會以一定的機率提出意料之外的答案。儘管它們大多都會被視為錯誤，但也可能輸出前所未有的有效答案，也就是創新的點子或想法（圖2-2 b）。即使大部分都是錯的，但要是沒能提出大量充滿多樣性的答案，就無法孕育出創新的點子或想法。這也是我們自身，以及那些被稱作發明王與智多星的人，都深切體認到的事實。

失敗是創造之母

說到發明，就一定會提到愛迪生（Thomas Alva Edison, 1847-1931）。他在一生中共留下二一八六件專利（順帶一提，目前金氏世界紀錄專利數量最多的是半導體能源研究所代表山崎舜平先生的一一三五三件）。同時，他還留下許多格言，其中很多都與失敗有關。除了知名的「我並沒有失敗，我只是找到一萬種無法順利進展的方法而已」外，還有「我絕對不會感

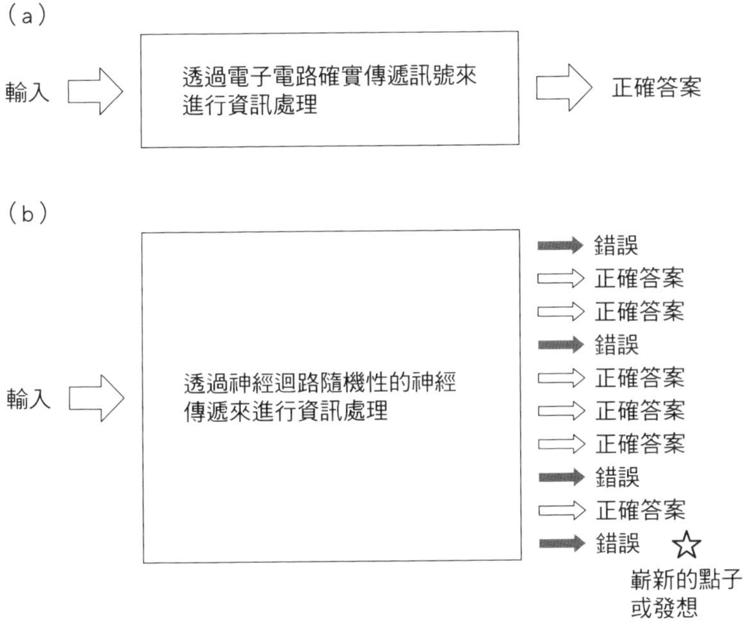

圖2-2 電腦（a）和腦（b）關於「輸入—處理—輸出」的關係

到失望。這是因為任何失敗都能成為嶄新的一步」、「這並不是失敗，既然能知道這個方法行不通就代表成功了」、「這不是失敗，也不能說是錯誤，必須說是從中學到東西」，稍微長一點的還有「我所有的發明都是如此。第一步都是起於直覺——首先是突如其來的靈光一閃，接著為數眾多的難題就會浮現出來。會有某些地方無法順利進展，接下來又會出現別的問題。這種細微的缺陷或難題通常稱為bug。」

愛迪生是典型的數理型天才，但他在數理外的領域卻有學習障礙的傾向，特別是語言能力低落，甚至有失語症的症狀。因此上述格言究竟是不是他本人所說的話，仍有待商榷，但無論哪一句的內容都幾乎相同。簡而言之，就是發明是從大量的失敗（即錯誤）中孕育而出的。就如同「失敗為成功之母」等知名格言廣傳於世，我們所處的社會也理所當然地接受這個廣為人知的道理。而從大腦訊號傳遞的實際情況來看，也會發現這就是理所當然的事實。腦部的訊號傳遞既不穩定又具隨機性，因此必定會發生錯誤。但是它們能從眾多錯誤之中，孕育出嶄新的點子，也就是進行創造。

這種由腦孕育出創造的流程，或許與生物進化的流程有些相似。生物進化是出於親代傳至子代的基因複製失誤，結果讓子代呈現出前所未有的特徵（突變）。基因的複製失誤雖然是偶然下的產物，但在自然界中必定會以一定的機率發生。至於因複製失誤造成突變的個體，就生物上而言，絕大多數都有適應能力方面的瑕疵，會因無法適應環境而消失。但是在極為罕見的情形下，也會出現更能適應環境的個體，當該個體繁衍出更多後代時，就能讓物種進化。也就是說，進化只是偶然下的產物，不過為了引發這個偶然，生物有必要產生夠多終究會因無法生存而消失殆盡的突變。

另外，也有人認為人類孕育出創造性的背後機制，就是模擬這種進化流程的「進化思考」。也就是說，在一開始我們根本無從得知突變的優劣，它們幾乎都會變成單純的失誤而淡去，但有時也會孕育出有利於生存的個體。根據此一事實，一開始我們也無從得知點子的好壞，但只要抱持會出錯的覺悟並不斷提出點子，有時合適的點子就會赫然出現。而腦部訊號傳遞的實際情形，也支持了這個觀點。

只追求正確答案的教育現場

當然，大多數人就算對腦部的訊號傳遞一無所知，也都了解「失敗為成功之母」的道理。但是令人惋惜的是，這個眾所皆知的道理居然未能落實於教育現場中。學校彷彿失去了讓處於成長期的中小學生透過從錯中學（容許各種失敗），進而漸漸激盪出創新想法的餘裕。特別是在都市的孩子，大多自小學階段起便往返於學校與補習班，而這全都只是為了因應升學考試而已。學生每天日以繼夜重複著，迅速並正確解出艱難問題的訓練，而這樣的情形會一直持續到大學入學考試，時間持續十年以上。這些長年接受「依循給予的指示，盡可能迅速解出正確答案」訓練的年輕人，就算突然聽到「獨立思考，即使出錯也無所謂」的要求，也不太可能辦得到。

事實上，這是包含我在內的多數教職員都感同身受的事。在授課中或下課後會主動提問或表達意見的學生極為罕見。就算教師試圖讓學生表達意見，得到的也多是沉默或無關痛癢的回應。或許是受到《正義，一場思辨之旅》這個節目的影響，我也在電視上看過許多國內大學接連試著將麥克風交給學生，試圖讓他們在課堂中發言，而接到麥克風的學生露出困惑表情與緊繃的臉，實在令人印象深刻。從這些表情可以看出，他們都對出錯有著極度恐懼。就連我任教近二十年的京都大學，也很少會有學生提問或表達意見（不過最大的理由，或許是因為我的授課內容了無生趣）。看到這樣的情景，就不禁感嘆他們在二十歲左右時就早已開始打起「保守牌」。當然，學生自己並不需要為此負責。毫無疑問地，責任是出在不停下達指示，不讓學生做無謂的事情，只顧著要求他們有效率念書的教育環境。許多大學教職員都感嘆，大多數學生都只會「等待指示」，但這是長年下來接受這種教育所造成的結果。

我認為至少大學應該給學生一些餘地，給他們一個允許出錯的環境，但最近連大學也變得「一板一眼」。有很多大學使用GPA這套標準算出每個學生的成績平均值，並用無異於高中的方式進行排名。似乎是想效法標準嚴苛、學生也認真向學的美國大學作風。但是，暴力與犯罪猖獗、貧富差距甚為嚴重的美國，其大學教育是否真有這麼美好，恐怕令人存疑。看到那些在入學後仍被成績排名玩弄於股掌之間，早早在大三時就開始為求職奔走的學生，不禁對他們的處境感到同情。

順帶一提，我曾在某間著名的私立大學每週兼課一次，此私立大學的學生，有許多是藉由多元管道入學，並非全是通過考試入學。每次在課程結束後，就會有好幾個學生立刻走向臺前，陸續發問或發表自己的想法。雖然這其中也有許多想法沒抓到重點或有錯誤，但這種不怕出錯的積極性與精神飽滿的態度非常可取。另外，這也讓我感覺自身授課（大概）還不至如此了無生趣，增添不少自信，是非常寶貴的經驗。至今依然很感謝當時的那群學生。

2 不精確的記憶所帶來的正面效果

除了神經群的同步放電，腦還具有更進一步提升訊號傳遞機率的方法：記憶。我們會透過學習來形成記憶，當再次接收到記住的刺激或與其相似的刺激輸入時，我們便能以不太會出錯的形式輸出相同的結果。例如，遇到不認識的英文單字時，只要透過學習將它的意思記起來，下次就能在看到該單字時立刻回想起它的正確意思。然而，由於記憶也是透過隨機性的訊號傳遞重現，因此並不穩定。就算是記住的事也不一定能完全忠實呈現，忘記或弄錯都是常有的事。

不過正如同出錯是發揮創造性不可或缺的條件，其實記憶那不穩定又容易出錯的特性也有其功用，而它所扮演的正是腦部高階功能不可或缺的角色。

記憶究竟是什麼？

如果用一句話定義記憶，那就是「奠基於經驗的行為改變」，也可以說是「對於相同的刺激，輸出相同的結果」。神經元間的訊號傳遞是隨機性的，當曾讓自己嘗到苦頭的天敵接近時，要是不逃跑，勢必會不利於生存。如果能確實記住天敵，那麼每次只要看到其身影就會逃跑。為了達成這個目的，生物必須在接收到天敵這項輸入刺激時，確實將訊號傳遞至能引起逃跑這個行動的神經迴路。因此，如果從腦的角度來定義記憶，那麼它可以說是「構成特定神經迴路的神經元間訊號傳遞機率增加的狀態」。

本書已經多次提及，神經群的同步放電能提高訊號傳遞機率。我們也詳細介紹動物在學習（也就是形成記憶）時，海馬迴與大腦皮質的神經群會同步放電。若要形成記憶，就需要神經群的同步放電。此外還提到，這些神經群的同步放電會隨著記憶的形成而變得更加明顯。而當學習有了更進一步的進展，記憶已經充分形成後，神經元的同步放電反而會減少。這個事實意味著記憶一旦形成，就算沒有大量神經元的同步放電，訊號也能以相當高的機率傳遞至特定的神經迴路。換言之，組成這個迴路的個別神經元之間的訊號傳遞機率有所上升，就算只有來自於少數神經元的訊號，透過突觸接收這項訊號的神經元也能以相當高的機率進行放電。

所謂的記憶形成，就是指接收訊號的突觸後神經元的靈敏度增加。而支持這個論點的研究成果正穩定增加。

發生於突觸的變化

在先前已提到，突觸相當於神經元彼此間的接頭，神經元若接收到訊號，其膜電位便會上升，也就是產生興奮性突觸後電位。而當它從眾多神經元接收到同步的訊號，興奮性突觸後電位就會大幅上升。但是，就算只有從一個神經元收到訊號，只要高頻率地在一定期間接受這些訊號，膜電位就會長期處於容易上升的狀態。接下來，只要它接受到一個訊號，就能產生大型的興奮性突觸後電位。這個現象稱作長期增益作用（LTP）。LTP被發現於一九六〇年代，並因一九七〇年代發表的一篇論文而聞名。由於它能提升突觸傳遞訊號的機率，因此當時就已經被視為和記憶有關的重要機制。然而，這個現象雖然能清楚觀測於腦部切片標本或經過培養的神經迴路中，但如果將電極刺入清醒動物的腦中，會發現除了刺激部位與記錄部位可能會在位置的精準度上有所偏差外，LTP持續一小時以上的數據也僅占全體的二五%而已。此外，由於這些輸入的高頻率刺激是人為電刺激，因此當活生生且正在運作中的腦部在形成記憶時，是否真的有出現LTP仍然是未知數。

不過，間接顯示出ＬＴＰ實際參與記憶形成過程的證據，則是越來越充分。例如，若是在動物腦部注入難以產生ＬＴＰ的藥物，牠們確實就會變得難以形成記憶。此外，也有研究顯示，經由學習形成記憶後的動物腦部更容易出現ＬＴＰ。

即便如此，ＬＴＰ的持續時間約數小時，與人類或動物能維持記憶的時間相比依然太短。基於這個理由，研究者一直普遍認為，ＬＴＰ能進一步讓突觸後神經元的細胞膜引發某種結構性變化，藉此讓該處的膜電位持續處於容易上升的狀態，長達數月至數年之久，讓訊號變得更容易傳遞。這項猜測隨著能針對活生生的動物腦中突觸狀態進行高解析度攝影的雙光子顯微鏡的出現，逐漸得到證實。接收訊號神經元的樹突，具有數千個樹突脊（dendritic spine）。它們正如其名，長得就像小型脊狀構造物。其細胞膜會以訊號的形式接收傳送至此的神經傳遞物質（圖2-3 a），而我們已經得知樹突脊在接收到高頻率的訊號時就會變大（圖2-3 b）。也就是說，由於承接訊號的載體變大，當訊號抵達時，就會引發大型的興奮性突觸後電位，更容易出現放電。另外，最近的研究顯示，只要高頻率的訊號一直持續，樹突脊就會變得更大，碰觸到突觸前神經元的軸突末梢，對其施壓（圖2-3 c）。藉此，突觸前神經元便能更輕易地釋放神經傳遞物質。

另一方面，在訊號傳遞的頻率既低又零散的狀況下，由於接收方的突觸後神經元無法充

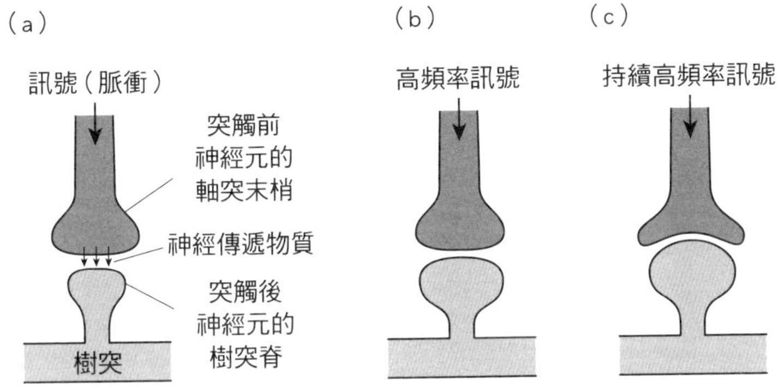

圖2-3 高頻率訊號產生的樹突脊變化

分增強膜電位，因此幾乎完全不會放電。也就是說，就算有訊號輸入，也幾乎無法傳遞至下一個神經元。這樣的情形持續出現數次的話，突觸後神經元的樹突脊就會變小，變得更難接收到訊號。就像這樣，看來在突觸之中，會發生對訊號傳遞帶來貢獻的樹突脊因變大而更容易傳遞訊號、沒對訊號傳遞帶來貢獻的樹突脊則因變小而更難傳遞訊號的現象。這個現象被視為是在形成「讓輸入訊號只會流向特定通路」的記憶神經迴路。

這些現象會頻繁地在形成記憶時出現，目的是為了讓訊號能輕易流動於既有神經迴路內的特定通路中。另一方面，在創造新記憶時，還會有新的神經元誕生（神經新生，neurogenesis）、軸突變長並開創新的通路（神經出芽，sprouting），創造出全新的神經迴路。它們都與樹突脊不同，並非在短期間產生，而是需要花費數天到數週的時間，因此它們可能只與需要花費長時間形成的記憶有關。

大腦並不是硬碟

有些研究試圖辨認出記憶的神經迴路究竟是由哪些神經元組成。由於它們是形成記憶痕跡（engram）的神經元，因此被稱作記憶痕跡細胞（engram cell）。而為了找到它們所使用的技術則是光遺傳學（optogenetics）。

首先，研究者會運用基因改造，製造出能產生第二型光敏感通道蛋白（channelrhodopsin-2, ChR2）的特殊小鼠。具有光敏感通道蛋白的神經元，具有被藍光照射就會放電的性質。實驗會先將小鼠放進實驗箱Ａ，並予以電擊刺激。如此一來，小鼠就會呈現出恐懼的蜷縮反應。這是為了形成「實驗箱Ａ是恐怖環境」這項記憶的程序，稱作恐懼條件制約。接下來，到了隔天，只要將小鼠放進相同的實驗箱Ａ，它就會出現蜷縮反應，但放進另一個實驗箱Ｂ，則不會呈現出蜷縮反應。也就是說，我們可以得知小鼠已經確實記住經歷恐懼體驗的實驗箱Ａ了。

然而，若是向處於理應不會恐怖的實驗箱Ｂ中的小鼠海馬迴照射藍光，它卻出現了蜷縮反應。這是因為當昨天小鼠在實驗箱Ａ中接受電擊刺激時，海馬迴的神經元高頻率地放電，而該處正是光敏感通道蛋白所產生的位置。只要透過藍光讓海馬迴的神經元再次放電，就算小鼠是處於實驗箱Ｂ中，也會喚起恐懼的記憶，呈現出蜷縮反應。也就是說，在形成恐懼記憶時放電的神經元，就是維持這項記憶的神經元，而這就是記憶痕跡細胞。

這類記憶痕跡細胞並不只一個，而是大量存在於腦中，它們會以群體的形式將記憶進行編碼（code，亦能想成透過群體來詮釋記憶）。這種神經群，有可能就是一九四九年心理學者唐納德・赫布（D. O. Hebb, 1904-1985）提出的細胞集群（cell assembly）。

所謂的細胞集群，就是將記憶等資訊進行編碼的神經群，而包含於其中的眾多神經元，會藉由同步放電來形成在功能上融為一體的群體。由於在沒有同步放電時，它們彼此並非同一個群體，因此相較於性質上較為固定的「迴路」，「集群」這個用詞會比較準確。

這種關於記憶痕跡細胞的研究，至今已有許多實驗結果。那麼，任何記憶都會以記憶痕跡細胞的形式形成並維持嗎？的確，像恐懼記憶等足以左右生死的記憶，會在經歷過一次刺激後形成是理所當然的事。由於當時的恐懼反應如實地重現於記憶中，因此可以用記憶痕跡細胞的形成來說明。這就像提取儲存於硬碟裡的資訊一樣。但是，其他一般記憶不一定一次就能產生，需要反覆經驗才逐漸形成。而且心理學的實驗顯示，在我們想起這些記憶之前，或是每次想到這些記憶時，它們都會產生大幅的改變。若是記住的資訊如實留在記憶痕跡中，這就和將資訊儲存於硬碟中並讀取一模一樣，但這樣就無法說明為什麼腦能輕易達成相當獨特的記憶功能，像是基於眾多記憶而形成全新的概念。

眾多心理學實驗顯示，日常的記憶並非只是如實地銘記資訊並維持，而是會與資訊處理融為一體並運作。例如，西洋棋高手只需要看一眼就能記住對戰時出現的棋子排列，也就是依循規則的排法。如果是無視規則的胡亂排列，他們所能記住的程度就與一般人無異了。這是因為棋子排列的記憶，與下棋這項資訊處理是融為一體的。

記憶通常不準確

研究發現，當人在記住某件事時，大多數情況並非原封不動地記憶下來，而是會將它轉換為方便記憶的形式。例如，先朗誦「He gives her a beautiful flower」這類簡單的英文句子讓受試者聆聽，並在兩分鐘後以完全相同的形式或不同的語態（She is given a beautiful flower by him）重新朗誦英文句子，接著再請受試者判斷其內容和原本的句子相同或相異。當然，聽到完全一樣的句子時比較容易進行判斷，在聽到句子後馬上詢問受試者，一樣的句子會比不同語態的句子更快被判斷出來。但是，若是在聽到句子後經過兩分鐘再詢問，那麼就算將句子換成不同的語態，所需的判斷時間也不會有什麼差異了。簡單來說，在記住原本句子的兩分鐘之間，即便沒有特別去意識，我們也會將句子轉換為它所代表的「意思」並記住。由於記憶已經被轉換為意思，因此就算是用被動語態詢問也不會造成影響。

或者，就如同「烙印在腦海裡」這種說法，意味著有時我們所見的景象會變成鮮明的記憶保存下來。然而，即使我們這麼認為，記憶並不會精確地以記憶痕跡的形式烙印在腦中，或多或少會隨著時間流逝而扭曲。

有許多心理學實驗輕易揭示出這種記憶的扭曲。例如，有個非常經典的實驗，讓學生觀看汽車相撞的影片，經過一段時間後請他們回想那個場景。不過，這個實驗在要求他們回想時，對A組的學生詢問「當汽車衝撞（smashed）時，究竟有多快呢？」對B組的學生則詢問「當汽車碰撞（hit）時，究竟有多快呢？」接下來還進一步詢問兩組學生有沒有看到車窗玻璃碎片。結果A組有許多學生回答車窗有碎裂，B組則是回答車窗沒有碎裂的比較多。然而，其實影片根本就沒有拍攝到車窗玻璃。這意味著A組學生的腦中出現汽車激烈碰撞、玻璃碎裂的場景，B組學生腦中出現汽車輕微碰撞、無損玻璃的場景，兩者都以記憶的形式「被回想」出來。

這種透過詢問的方式導致記憶改變的現象，會對法庭裁決帶來莫大的影響。法庭中的目擊證詞，有可能會在不是出於證人意圖的情形下，因訊問的方式不同而有所改變。就算和事實有所出入，檢察官或律師也有可能會為了套出有力的證詞，而刻意在訊問的手段下功夫。

如果記憶能被完美複製

記憶既不精確又會處處出錯是無可避免的事。然而，即使不是焚膏繼晷的考生，如果能像複製或拍照般，將看過或讀過的事物記住，而且永遠都不會忘記的話，那該多方便啊。話說回來，能如同複製般產生精確記憶的人雖然少見，但的確存在。

擁有這般記憶的知名人物，是一九二〇年代一位叫S的蘇聯青年。他到將近三十歲才在偶然中發現自己極為罕見的記憶力。他是名報社記者，總編輯每天早上都會對屬下的記者，下達受訪者地址與採訪時間等細部指示。然而唯獨S一人從來都不做任何筆記。注意到這點的總編輯斥責S，並詢問下達指示的內容，結果發現他全都正確地重述。而且這還不僅止於當天下達的指示，就連昨天、前天、上一週的內容都能毫無差錯地重述。

S接受在大學進行的記憶測試，得到驚人的結果，並在接下來的三十年持續接受測試。負責為他進行測試、日後成為蘇聯神經心理學家的亞歷山大．魯利亞（A. R. Luria, 1902-1977），對檢查結果做出詳細報告。例如，他讓S觀看一張包含約五十個數字的表格，三分鐘後將表格藏起。結果，他能按照順序將表格中的數字一一寫出來。他還能按表格的縱向、橫向、對角線方向，把數字念出來，甚至是方向倒過來念都不成問題。他也可以將這五十個數字想成是一個五十位數的數字，一次說出來。另外，無論是數字或文字、無論是看見或聽見，他都同樣能記住，就算將數字從五十個增加到七十個以上也一樣。

而且，S是真的「永遠」不會忘記。他每天都前往大學的研究室，記住各式各樣的數字、文字或聲音的排列組合。另外，他能回憶出的不僅止於數天前或數週前的事物，甚至還能輕易重現數年前只看過一次的排列組合。某次當魯利亞請S再度回想起某個在十五年前記住的排列組合時，據說他是如此回答的：「沒錯，沒錯……那是發生在你（魯利亞）公寓裡的事。你坐在桌前，我則是坐在搖椅上。你穿著灰色衣服，然後這般注視著我……是的……我記得你對我說過的話……」他將十五年前只記過一次的排列組合原封不動地重現出來。

關於S的記憶，我們所知道的事實是其容量相當於無限，以及不會因時間流逝而減弱。而且，他在記憶的時候不需要付出任何背誦的努力，就能將看到或聽到的內容直接化為鮮明視覺「影像」並保存下來。

換句話說，他能像複製般如實看到自己所記住的內容。就算是透過耳朵聽到的內容，他也能將其轉換成某種視覺性的影像並記住。這種記憶被稱為遺覺記憶（eidetic memory，又稱照相式記憶），現代也找得到具備這種能力的人。據說這種能力較可能發現於年幼孩子身上，但當那些孩子成長成人，幾乎都會失去創造遺覺記憶的能力。

如同複製般的記憶並不實用

在得知S能記住十五年前看過的數字與文字後，魯利亞等心理學家便逐漸失去測試他記憶力的興趣了。畢竟無論做什麼，S都有辦法像複製般記住，會變成這樣也無可厚非。後來，心理學家開始關注他是否能「遺忘」。結果他們得知一個不可思議的事實，那就是S雖然不需花費任何努力就能記住事情，但必須花費莫大的努力才有辦法遺忘。在大多數情況下，他無法順利遺忘，這讓他感到痛苦。

S嘗試過許多遺忘的方法。他曾認為寫出來就能將事情從記憶中消除，試著「為了忘記而書寫」；他還將寫下的東西燒掉，試圖讓燃燒的景象變成影像，藉此幫助自己遺忘，但無論是哪個方法都沒什麼效果。最後，他找到一種接近自我暗示的方法，避免讓沒用的記憶以影像的形式出現。不過就我們看來，這實在是一種非常奇怪的努力。

另外，S的記憶所造成的問題並不僅止於難以忘卻。他最嚴重的問題，在於難以理解故事的內容。他並非無法理解個別單字的意思，語言能力也不比一般人差。然而，當他在聆聽或閱讀故事時，每一個單字就會陸續化為視覺影像不斷冒出，讓他無法理解故事的全貌，也就是整體的內容。S對此做出如此說明：「其他人會思考……但是，我會實際看到！……當文章開始……影像就會出現。若是句子持續下去……又會有新的影像。如果繼續讀下去，影像又會……。」當魯利亞念某個故事給他聽的時候，他如此表示：「不行，這未免也太多了……每個單字都會喚起一幅又一幅的影像，它們互相碰撞，變得亂七八糟……這實在是完全無法理解……還有你的聲音……又產生斑點了（當有雜音或分心的事情時，這些影像似乎會被斑點覆蓋）……而且，所有的一切都混雜在一起。」

特別是未必指具體事物的詩或散文、多處需要仰賴讀者想像力的文章，正是他完全不能理解的。他也無法理解同音異義詞、比喻、隱喻等沒有對應於具體事物、背後另有其他涵義的說法。

到頭來，如同複製或照片的記憶的確鮮明且永遠不會消失，但正因為它過於牢固且恆久不變，因此無法被分解、聯想或重新組合，也無法因應新的狀況而改變。也就是說，這類記憶無法應用於需要眾多記憶的判斷、統合、思考等高階功能中。S完全不具備任何創造力與抽象思考能力。

由此可知，正如同魯利亞曾說過的，記憶不精確且錯誤百出的特性，說明它無時無刻都持續在變化，而這種特性帶來莫大的好處。無論是有趣的小說或偉大的發明，都是因為記憶的不準確才能孕育而生。也正因為我們擁有靈活的神經迴路，會忘記或搞錯事情，又或者，正因為無論再怎麼提升訊號傳遞的精準度，神經迴路終究只能隨機性傳遞，還會不時在傳遞中出錯，才能造就人類的創造力。

3 會出錯的神經迴路能自我修復

由於流動於神經迴路的訊號是隨機性地傳遞，自然無可避免會出錯。至於記憶的形成則是為了提升這項機率，也就是透過提升突觸後神經元的靈敏度，進而讓訊號能以較高的機率流向特定通路，藉此讓樹突脊變大。有時神經迴路也會透過產生新的神經元或通路來形成記憶，但即便如此記憶依然容易發生變化，並不準確。

由此可見，腦部的神經迴路結構與功能都非常馬虎不牢靠。但是，若換個觀點來看，我們也能將此想成神經迴路的結構與功能都沒有僵化，因此能靈活變通。這是電子電路無法擁有的腦部特性。而且我們也發現，腦部這種靈活自在的性質，對動物的生存是極其有利的。這是因為腦具備獨特的冗餘性，也就是即便遭受部分損傷也不會受影響，或是就算受到重大損傷也能恢復的特性。換言之，不仰賴特定的神經元傳遞訊號，而是由眾多神經元協力傳遞，且訊號傳遞的機率和通路會依據經驗而變化，就像創造記憶時一樣，這是腦部面對損傷時能具備強韌性及修復能力的關鍵所在。

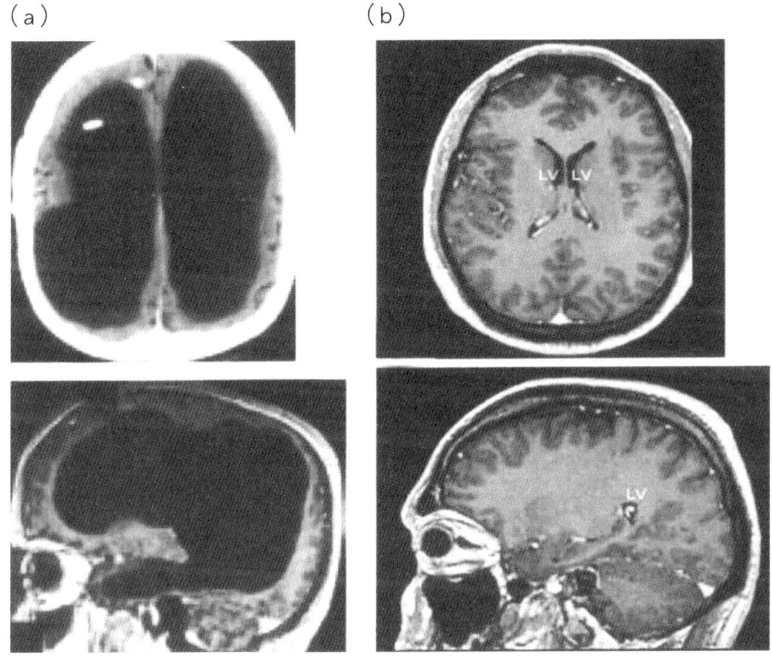

圖2-4　腦積水的男性（a）和一般成人（b）的腦造影。上圖是從腦上方攝影的照片，下圖是從左側方攝影（引用自Fruillet et al., 2007 & New Scientist, 2007）

腦中竟然可能都是水

我們常看到人類的智力是來自於巨大的腦的這種說法。但是，圖2-4a的人具有正常的智力。圖中黑色的部分是腦脊髓液，也就是非常乾淨的水，而腦（灰色的部分）則是位於顱骨（周邊白色的部分）內側，僅占些微的分量。這是一名四十四歲的男性公務員，育有兩個孩子，過著極其平凡的生活。某一天，他感到左腳輕微疼痛，在精密檢查時進行頭部電腦斷層掃描，才發現他的顱骨底下幾乎都被腦脊髓液所填滿。他的腦只有一般成人的二五%左右，左右大腦半球幾乎完全失去了與視覺、聽覺、體感覺（觸覺）、隨意運動、情感、認知、語言等功能相關的腦區。但是，他能正常從事公務員的工作，以父親的身分養育兩子，生活完全沒有任何不便。他的大腦發育不良的原因，可能是在出生後沒多久就罹患腦積水（水腦症），也就是腦脊髓液蓄積於顱骨內部的疾病。

其實早在很久以前，就不時出現與這名男子情形相似的病例報告。在一九八〇年，《科學》（*Science*）期刊曾刊載一則標題詭異的報導「你真的需要你的腦嗎？」。報導中所介紹的大學生，是在數學領域得獎的天才，也良好地融入社會生活中。但是，某天他偶然接受腦部斷層掃描的檢查，結果發現他的顱骨底下幾乎都被腦脊髓液填滿，大腦居然只有一般人的一〇%到二〇%而已。至於其原因也是幼時罹患腦積水。在幼年階段罹患腦積水的人，大腦半球就會無法成長。就算成年，大腦也只有一般人的數分之一，有時甚至不到一成的大小。看到這種既小又薄的腦，任誰都會料想這會造成重大障礙，尤其是智力方面。畢竟就連和腦有關的教科書也清楚寫明，發達的巨大大腦正是人類智力的泉源。儘管如此，因罹患腦積水而導致腦體積較小的人，無論是在感覺、運動、記憶，以及綜合這些功能而形成的智力上，往往都只有微乎其微的障礙，或是完全正常。還有些人像該名大學生般，具有出色的才能。

我們可以從這些病例得知，若是在最初就以小型的腦的形態成長，那它也有可能發揮和大型的腦完全相同的性能。腦是由神經元建構而成，但就算這項元素極為稀少，依然能達成和擁有大量神經元完全相同的結果。我們實在無法想像就算零件只有原本的十分之一，卻還能發揮相同性能的機械。腦之所以能發揮這個令人震驚的特性，是因為它的結構和功能都非常靈活，神經元間的訊號傳遞也不僵化，不但具備隨機性又可以進行調整。正因為腦有時也會出錯，才能實現這項特性。

大腦能修復到什麼程度？

腦積水的案例講述的是，在充滿水的顱內這樣極端環境中成長起來的腦。如果是已經成長的腦，若因事故或疾病而突然嚴重受損時，原本存在並運作的神經迴路突然被破壞，失去功能也是理所當然的。但是，損傷且變形的腦在經過一段期間後，就算依舊處於該形態，卻可能恢復到幾乎正常的功能狀態。這個現象稱作功能代償作用或代償機制。

在過去，多數人深信功能代償作用只可能發生於小範圍損傷，幾乎不可能在大範圍損傷中出現。然而現在，已經發現許多能顛覆這項論點的案例。例如，有一些人幾乎完全失去某一邊的大腦半球後仍可正常生活。圖2-5是從腦的正上方拍下的六名二十至三十多歲的成人（四名男性、兩名女性）斷層掃描。這些人都曾在孩童時代患有難治性癲癇（refractory

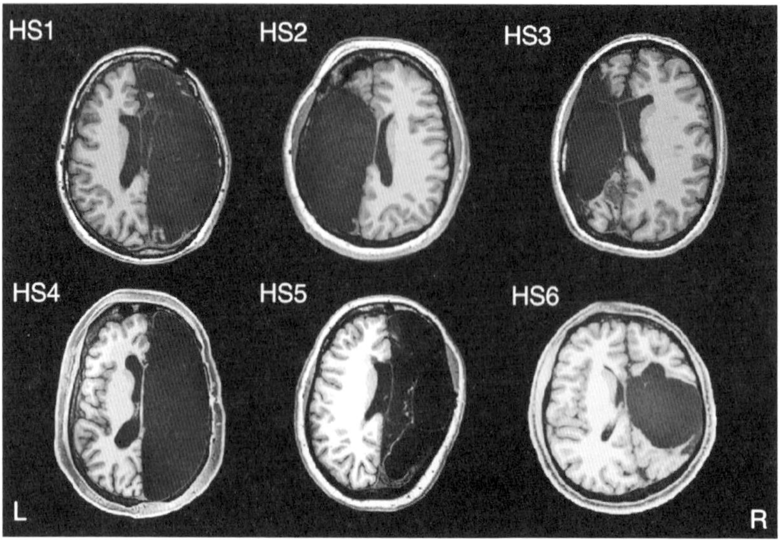

圖2-5　在孩童時代接受大腦半球切除手術的六名成人的腦造影（引用自 Kliemann et al., 2019）

epilepsy），為了治療，他們在出生後三個月到十一歲之間接受移除病灶的手術，也就是大腦半球切除手術。後來長大成人的他們，全都過著正常的生活。無論是知覺、運動、記憶、語言等功能，完全沒有任何異常。

他們和先前腦積水患者最大不同在於，他們的腦並非在不得不變小的特殊環境下成長，而是透過外科手術切除半個腦。尤其是在十一歲切除的人，是在腦幾乎成長完成才切除。儘管如此，剩下的半個腦依然充分發揮它的功能。

為了治療而接受大腦半球切除手術的人，全世界約有一百名以上。例如，在三歲七個月大時切除右半腦的尼可，在切除手術的數日後就能行走、說話，之後也正常地度過學校生活。在六歲時切除右半腦的馬修，雖然在手術過後無法馬上走路或說話，甚至無法控制排泄現象，但他後來也逐漸恢復運動與語言能力。而且他的語言能力恢復過程特別耐人尋味，就和年幼的孩子開始學說話一樣。一開始，他只能說出一個單字，接著增加為兩個到三個，然後才開始組成較短的片語，最後則是能說出較長的句子。而在手術三個月後，連同語言能力在內，馬修已幾乎恢復到原本的狀態。

除了大腦半球外，也有在三歲時因疾病而失去大腦半球後方小腦的案例。小腦主要是負責運動的自主性控制與平衡感，因此在失去小腦後，這名孩童在維持身體平衡、保持姿勢，以及唱歌等自主性的運動控制上出現障礙。由於負責這些功能的小腦已經整個消失，照理說應該難以進行功能代償。然而，該名孩童之後儘管有些不便，但也能在幼兒園和其他孩子一起玩耍唱歌。三年後，他已經能在戶外奔跑、單腳站立，甚至還能過獨木橋了。

高齡者的大腦也有修復功能

目前為止舉出的案例多是孩童，就算是成人也只到三十多歲。確實，通常認為腦部損傷，越年輕就越容易修復，而當步入高齡就很難恢復了。但是，與其說是高齡者的腦難以修復，不如說問題是出在衰退的身體上。換言之，儘管腦部有修復功能，但手腳肌力、清晰開口說話的功能已經衰退，導致看起來腦部的恢復比較慢。若是沒有這種身體上的限制，高齡者的腦也能如同孩童般得到恢復。

例如，一位已經反覆罹患數次腦梗塞的六十八歲男性，因為左半腦引發嚴重的梗塞，導致說話所需的語言區（布洛卡區）及周邊部位嚴重受損，只能說出令人無法理解的話，再加上他的右半身麻痺，因此連起身都很難辦到。然而，他居然在不到二十天的時間內，能再次步行，還一如過往巡查自己的田地。接著又過了三個月，他開始務農，儘管說出的話依然有點難懂且常有錯誤，但也開始能進行普通的對話了。研究者用fMRI測量他在說話時的腦部活動，發現雖然左半腦的布洛卡區因腦梗塞造成損傷而沒有活動，但在右半腦幾乎相同位置的部位則是正在活動。可見就算是高齡者的腦，也會產生橫跨大腦半球的功能代償現象。

另外，如同先前介紹的孩童案例，也有一名八十五歲的女性，因腦梗塞導致幾乎整個小腦毀損。損傷後的一段時間內，她無法好好走路，感到意識模糊。但是在短短半年後，她走路就已經不成問題，也能打掃房間或準備餐點，甚至還能走到庭院修剪植栽。就算失去整個小腦，其功能也和孩童一樣得以恢復。這種從腦部損傷中恢復的高齡者案例非常多，而這些案例相同的共通點，就是他們在腦部受損之前都經常活動身體，肌肉骨骼系統非常結實。此外，他們在腦部損傷之後也積極活動，因此也有可能是身體的恢復促使腦部恢復。

另外，失智症是步入高齡後很容易罹患的腦部疾病。例如阿茲海默症就是因神經元急速減少，讓腦彷彿就像整體受到損傷般萎縮，進而造成認知功能嚴重衰退。然而，腦部萎縮的程度與認知功能的衰退，並不一定會明確相對應。有些人會在幾乎都還沒觀察到腦部萎縮時，就出現明顯的認知功能衰退症狀；也有些人的腦部明明大幅萎縮，卻依然能正常過日常生活。圖2-6是四十六歲時被診斷出年輕型阿茲海默症的女性，在七年後（五十三歲）所拍攝的腦部影像。看到這張影像，我們會預先設想其認知功能嚴重衰退，而且連話都說不出來，幾乎不可能正常生活。然而，這名女性雖然記憶力衰退，但還是和丈夫一起快樂度過每一天，而且這樣的日子在十三年後（六十六歲）仍持續。她能毫無障礙地說話，有時還能出門旅行，以自身罹患的疾病為題進行演講，亦曾到訪日本進行經驗分享。這樣的案例雖然不是功能上的恢復，但也清楚顯示，腦的功能並非簡單地對應到它的形態（結構）。

因為腦會出錯，才有代償功能

如前所述，就算失去某一邊的大腦半球，或者失去整個小腦，這些失去的功能都有可能恢復。另外，就算是高齡人士，也有可能自重大的腦部損傷中恢復。這是因為剩下來的腦會

（a）

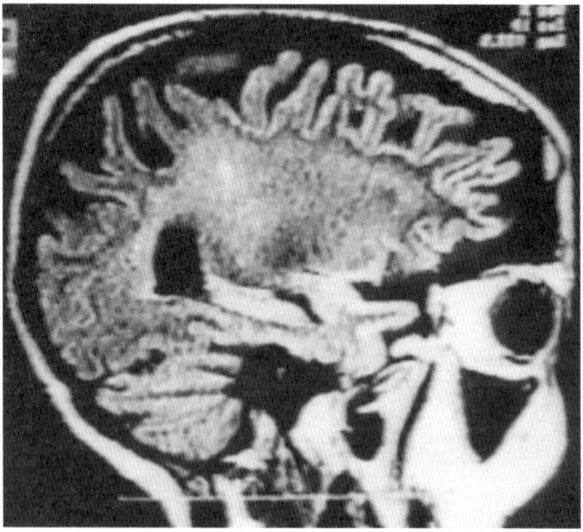

（b）

圖2-6　一名罹患阿茲海默症女性的腦部造影（a）及其接受訪談時的情景（b）（引用自《私は誰になっていくの？》）

代替那些失去的腦部，發揮功能代償作用。但是，也有一些只是因為事故或腦梗塞導致大腦部分損傷，就對運動或語言功能造成嚴重的障礙。由此可見，功能代償有時會發生，有時則不會，其背後原因則尚未明確。我們對功能代償的了解仍然有限，例如功能代償究竟是由剩下來的正常腦部位執行，或其實早在一開始就已確定功能代償的部位。至少在現階段，我們幾乎無法預測當某個腦區損壞時，究竟是由哪個部位來代償它的功能。

不過，當實際發生功能代償，並且知道代償部位的時候，該處所發生的現象就逐漸明朗化了。例如，圖2-5所介紹的切除大腦半球後的六人，都確定是由剩下來的大腦半球負責功能代償。這是因為除了它以外，再也沒有其他能執行這項功能的大腦了。當研究人員運用fMRI觀察他們在平靜狀態，由單邊半球順利進行雙邊半球功能的活動時，結果意外地發現，和一般人的半球呈現的活動並沒有差異。另外，fMRI還能透過觀察各個活動腦區之間的時間相關性，看出大略的功能網絡（協調合作的腦區網絡），而這點也和一般人相同。然而，最大的差異，就是這些人的功能性網絡之間還形成了更多連結。也就是說，切除大腦半球的人所剩下的半球，並不只有一般的網絡在運作，而是具備著更綿密的網絡間相互作用。這種網絡上的變化被稱作神經迴路的功能重組（functional reorganization），在這些人的腦部中，多重且廣泛地發生這樣的現象。

功能重組涉及結構上的重組，也就是建構和添加新的神經迴路，不過光憑這點也無法說明許多事情。此外，由於運用於人類的fMRI無法讓神經元或神經纖維資料視覺化，因此當功能重組的現象發生時，我們也無從得知，是否有新的神經迴路因神經元或神經纖維的增加，而被創造出來。但是，若是觀察前述切除腦半球六人的腦部攝影，就會發現殘留下來的腦半球並沒有變得特別大（既然顱骨這個容器沒有改變，這也是理所當然的事），就連神經元集中分布的灰質以及神經纖維分布的白質，似乎也沒有顯著增加。這代表殘留下來的腦半球並不需要大量增加神經元或神經纖維，就能順利達成神經迴路的功能重組，將訊號的傳遞方式變為，僅靠單邊半球就能達成雙邊半球執行的工作。具體來說，這勢必需要提升訊號傳遞的機率，甚至還要改變傳遞的通路，才能實現功能代償。而這之所以能實現，是因為神經元間的訊號傳遞是隨機性的，而且這項傳遞的機率能透過經驗或學習來改變。也就是說，正因為神經迴路不時會發生錯誤、馬虎卻又靈活自在，才有辦法實現功能代償。

專欄2

太空旅行如何改變大腦？

一九九一年蘇聯解體後，由於進行太空競賽的蘇、美二國冷戰步入尾聲，再加上兩度發生重大太空梭事故，似乎澆熄了一般民眾對開拓宇宙的興趣。儘管如此，最近國際太空站的長期滯留計畫又重新上了軌道，不光是經過訓練的太空人，就連一般人士（大多是富裕階層）也能在國際太空站滯留，為太空旅行或可以在其他星球生活增添幾分現實。然而，滯留在太空站或進行太空旅行時的「無重力狀態」（並非完全沒有重力，也被稱作微重力狀態；又或者，由於慣性力和重力達到均衡狀態，感覺就像沒有重力一般，因此又被稱作無重量狀態）與封閉環境，究竟會對人類產生什麼樣的影響，卻是所知甚少。即使是經過多年訓練的太空人，若是長期滯留於宇宙空間，也會在返回後出現抗重力肌等骨骼肌萎縮、循環系統功能下降所造成的直立性低血壓，以及平衡感失調等情形，甚至會有好一段時間難以自行站立。若是身體功能會產生這樣的變化，那麼腦部發生改變也不足為奇。

我們已經知道在宇宙空間的生活，會因喪失重力而導致顱骨內的腦發生變形，血液也會開始流向腦部，還會因無法透過體感分辨上下，進而導致感官發生混亂。例如，有項運用磁振造影（MRI）觀察二十七名太空人腦部形態的研究發現，在這二十七名太空人中，十三名是短期停留於太空梭內，十四名則是在國際太空站滯留約半年。研究結果顯示，所有人顳葉與前額葉的灰質都大幅減少，而長期滯留於太空站者減少更為明顯。此外，這樣的腦部變化情形，和健康志願者在完全臥床的狀態下度過三個月，所觀察到的結果極為相似。儘管太空人原本非常健康，在太空站也每天都進行數小時的運動，大腦卻還是像臥床數個月般萎縮了。

另外，還有一項研究，觀察在太空梭執行短期任務的十六名太空人，以及在國際太空站執行長期任務的十八名太空人，針對他們執行任務前後的腦部影像進行比較。結果發現在任務過後，所有人的腦都產生了變化，位於腦部中心的腦溝（中央溝）變得更狹窄，而腦部整體則是朝上方偏移。這樣的變化在長期滯留於太空站的太空人身上更為明顯。我們還無法正確得知，這種腦部形態上的變化，究竟會對腦功能造成什麼樣的改變。

這些腦部的變化，已證實在返回地球後透過復健幾乎可以完全恢復。但是，至今為止能前往宇宙的人，都只限於受過鍛鍊的太空人。或許正因如此，他們的腦部變化才能控制於一定範圍內，也才有辦法恢復。我們無法確定沒接受過特別訓練的一般人，是否也有辦法恢復到同樣程度。另外，更無從知曉，若是在微重力空間展開長達數年生活，究竟會有什麼樣的結果。

無論如何，在宇宙空間或其他星球生活，必定會對腦部帶來莫大的改變。因此，也有人認為，人類若要進軍宇宙，勢必需要進行連同腦部在內的人體改造。

第三章

大腦不只是一部精密的機械

——帶來變革的新事實

無論是大腦或電腦，都一樣是透過傳遞訊號並加以處理來實現各種功能。但是，大腦透過它獨特的隨機性訊號傳遞，在經常出錯、記憶也不精確的同時，又能實現眾多高階功能，就算損傷也能恢復。也就是說，大腦和電腦有著本質上的差異，難以用人類所想像的精密機械形式來理解。確實，到了二十一世紀，已經有一些嶄新的研究成果與假說跳脫了既有機械論的觀點。接下來介紹數項研究成果，思考它們是否有可能為腦科學帶來變革，揭開腦部的真實面貌。

1 神經元和突觸並不代表一切

如同大多數腦科學書籍，本書也是聚焦於神經元放電及發生於突觸的物質交換，藉此說明腦部的訊號傳遞。在這樣的情況下，難免會將神經元想像成一種單一的零件，但是實際上它光是在形態上就極為多樣（圖3-1），甚至能分為數百多個種類。這也意味著藉由突觸相連的神經元的連繫方式也非常多元。這種形態上的多樣性已在很久之前就確認，但直到近年來，才逐漸發現神經元所發出的訊號流向其實也非常多樣。此外，研究報告也顯示，有物質能左右突觸訊號的傳遞；以及除了脈衝之外，可能另有其他訊號存在。

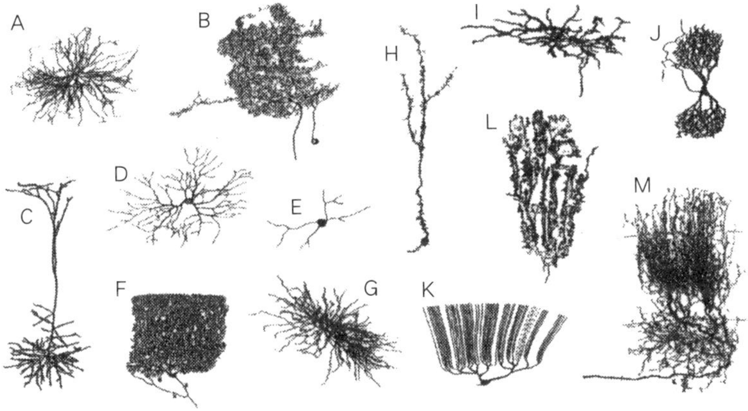

圖3-1　多樣的神經元圖例（引用自*Biophysics of Compuation*, 1999）

神經元之間的訊號傳遞並不單純

神經元一旦放電，就如同數位訊號般，大小與波形幾乎完全恆定的脈衝便會化為訊號通過軸突。而當它抵達軸突末梢時，會讓興奮性或抑制性神經傳遞物質從突觸的縫隙中釋放出來，並讓下一個神經元興奮或抑制。然而，上述的說明其實並不充分。近年來的研究顯示，神經元並不只是將訊號透過軸突單方向地傳遞出去，也會為了接收訊號，而將訊號傳遞至眾多神經軸所分布的樹突（反向傳播）。這個記錄於樹突上的訊號稱作樹突脈衝。換言之，一個神經元會發出不同的訊號，分別傳送至輸出方的軸突及輸入方的樹突。關於樹突脈衝的功用依然有許多不明瞭之處，不過似乎和傳遞到輸出方軸突的神經軸有所不同。我們已藉由記錄行動中大鼠神經軸的電生理學手法，以及透過鈣敏感螢光色素，記錄當脈衝抵達末梢時，鈣離子所產生的變化（而非直接記錄脈衝本身），進而證實這項事實。

另外，當提及在神經元間傳遞訊號的突觸時，大多情形（本書也不例外）都是在指中介於神經傳遞物質的突觸（化學突觸）。如同前述，它們會在記憶形成等方面發揮重要的功用。

自化學突觸釋放的神經傳遞物質未必僅限一個神經元只釋放一種，就算是同一個神經元的軸突末梢，也可能釋放多種類型的神經傳遞物質，甚至同時釋放興奮性與抑制性的物質。也就是說，一個神經元可以透過活化或抑制下一個神經元，藉此調整訊號傳遞。

另外，突觸中還有幾乎完全接合神經元、讓訊號能直接快速傳遞的電性突觸，哺乳動物的腦中有許多這種突觸。換言之，由眾多神經元集結而成的神經迴路，是透過化學突觸具可塑性又能調整的訊號傳遞，以及透過電性突觸進行的高速訊號傳遞，兩者一起運作而成。

神經膠細胞也參與訊號傳遞

腦中的細胞除了神經元之外，還有神經膠細胞。我們曾以為它的數量是神經元的十倍以上，但現在得知其數量和神經元相當或稍微多一些而已。而主要功用，就是為神經元提供物理性的支撐、補給營養、處理代謝物，藉此輔助神經元的活動。然而，最近研究發現它還有其他新的功用。

神經膠細胞可分為星形膠細胞（astrocyte）、寡突膠細胞（oligodendrocyte）、微膠細胞（microglia）三種。星形膠細胞的活動能調節腦中的小動脈（微動脈）直徑，也就是參與調節腦中血流量。而先前多次提及的fMRI，是在觀測腦部活動的血流量變化，因此也能理解成是在觀測星形膠細胞的活動。此外，星形膠細胞的表面也具備接受神經傳遞物質的受體，而且這些受體涵蓋了突觸釋放的主要神經傳遞物質，如谷氨酸、γ－胺基丁酸、血清素、去甲基腎上腺素、乙醯膽鹼、多巴胺等。接收到神經傳遞物質的星形膠細胞或許能產生訊號，並傳遞至周遭的神經元。也就是說，訊號並不一定只能自神經元經由突觸傳遞至其他神經元，或許還能同樣藉由突觸，從星形膠細胞傳遞至神經元。如果事實真是如此，就代表腦中的訊號傳遞其實還隱藏著更複雜的運作機制。

寡突膠細胞最重要的功用，就是以髓鞘質的形式，如同絕緣體膠帶般纏繞於負責輸出的軸突（圖1-1），提升訊號傳遞的速度。卷起來的髓鞘質寬度約二分之一毫米，它們之間相隔千分之一毫米左右的空隙，接連纏繞於軸突（圖3-2）。這樣的軸突稱作有髓神經纖維（myelinated nerve fiber），至於那些介於髓鞘質之間的空隙則稱作蘭氏結（Nodes of Ranvier）。由於蘭氏結並非絕緣，也具有電位敏感型離子通道（孔洞），因此能讓軸突內側與外側的離子進行交換，進而產生脈衝。而這些脈衝又會讓位於周遭蘭氏結的離子通道開啟，

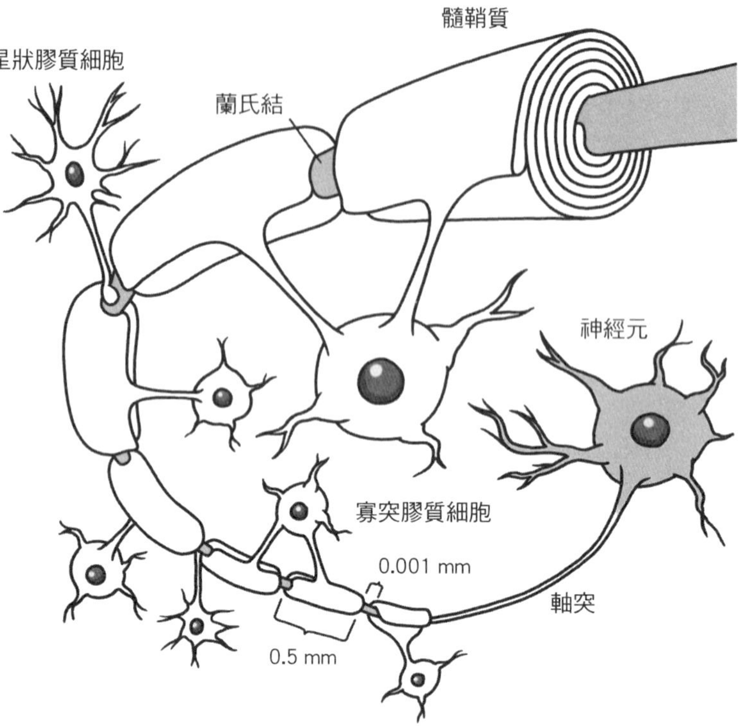

圖3-2 神經膠細胞（寡突膠質細胞）形成髓鞘質

導致該處也產生脈衝。如此一來，脈衝彷彿就會像從蘭氏結跳躍至蘭氏結般傳遞（跳躍傳遞），實現高速的訊號傳遞。

此外，也存在著不具髓鞘質的軸突（無髓神經纖維），由於那裡無法執行跳躍傳遞，因此會讓訊號的傳遞速度下降至原先的一%左右。也就是說，神經元輸出訊號的速度，會依照有髓神經纖維與無髓神經纖維的不同，以及有髓神經纖維中的蘭氏結間距差異，而受到精密的調控。

我們可以從近期的研究中

得知，在藉由學習而形成新的記憶時，軸突會變粗。而這其中最主要的理由就是髓鞘質的纏繞數量變多。也就是說，當我們透過從事運動訓練、樂器演奏、考試溫書等活動，成功達成過去無法辦到的事情時，包覆於軸突的絕緣體膠帶就會纏繞得更為牢固，讓跳躍傳遞能更穩定地出現，進而提升訊號的傳遞速度。這個現象最為明顯的部位，是連繫左右大腦半球的大型神經軸突束——胼胝體，不過也會出現於大腦皮質與海馬迴的白質（神經纖維集中分布的部分）。

本書已在第二章說明，所謂的記憶就是指（連同樹突脊在內的）突觸所發生的變化，而這其實也能理解為軸突這個神經纖維的變化。此外，寡突膠細胞能延展出多個細胞質的突起，進而在多條不同的軸突上形成髓鞘質，同時改變這些軸突的訊號傳遞速度。它們似乎就是藉此造就出訊號同步性，也就是藉由孕育出同步放電的現象，參與提升訊號傳遞機率的機制。

既然髓鞘質的形成與增加能提升腦部訊號傳遞速度，這意味著若是髓鞘質減少，訊號傳遞的速度就會下降。實際上，我們已經得知髓鞘質會隨著步入高齡而變薄，認知功能也會跟著下降，讓新的學習或記憶的形成變得困難。此外，造成認知功能混亂的阿茲海默症或思覺失調症，會讓白質產生變化，而這也有可能意味著髓鞘質的減少。過去治療這些疾病的藥物研發，全都只聚焦於神經元與突觸，這點或許需要大幅重新審視。

藉由軸突而傳遞的機械性訊號

截至目前為止，本章一直談及軸突這個神經纖維發生的變化，或許和腦部訊號傳遞有關。但是，這純粹是在講脈衝這項很久以前就已經釐清的電訊號傳遞。另外還有一說主張，軸突上的訊號並不單是由離子移動所造成的電訊號傳遞，還可以像空氣中的音波般，以物理壓縮波的形式傳遞（表面波傳播理論）。根據這個理論，壓縮波似乎會讓軸突表面的細胞膜接二連三地從液體轉變為結晶，並向前推進。這代表軸突的局部膨脹與收縮會陸續傳遞出去，同時伴隨熱能上升或下降的傳播。

此外，由於軸突表面的細胞膜相當於壓電晶體（piezoelectric crystal）這種物質，能將機械動能轉換為電能，或是將電能轉換為機械動能，因此也有學說主張過往飽受關注的電訊號，其實是伴隨機械訊號的傳播而來的附屬現象。這項學說主要是由物理學家所主導，其論點可說是非常符合物理學的思維。而且這個學說除了理論之外，還有能對此做出佐證的實驗結果。該實驗是和麻醉效果有關。

在現代醫學之中，尤其在需要進行外科手術的情形下，麻醉是不可或缺的。然而，我們幾乎完全不清楚為什麼麻醉藥能麻痺疼痛，以及為什麼會讓我們失去意識。目前最有力的假說，是麻醉藥含有會堵塞神經元離子通道的物質，藉此封鎖感覺與運動所需要的訊號傳遞。然而，麻醉藥的種類形形色色，包含的物質分子構造或大小有相當大的差異，但它們都能以相同方式堵塞離子通道，這令人感到不可思議。於是，研究者開始試著從各種麻醉藥包含的物質中找出共通的性質，結果發現無論是哪一種都具備高度的親脂性，而且越是強力的麻醉藥親脂性也越高。由於軸突表面的細胞膜正是由脂肪酸所組成，因此研究者推測，麻醉藥或許是透過滲透至軸突的細胞膜來改變它的物理特性，進而阻斷壓縮波訊號的產生。

在一項證明這個假說的實驗中，對局部麻醉而麻痺的手臂進行強力電擊後，麻醉藥的效果就消失了。強烈電擊會讓因麻醉藥而產生變化的軸突物理性質再度改變，再次得以產生壓縮波。只要能改變軸突的物理性質，電擊之外的方法也有可能消除麻醉的效果。例如，將因麻醉而無法動彈的蝌蚪裝進高壓容器並加壓，麻醉效果就會消失，蝌蚪會重新開始游動。

但是，也有人對這項機械式的表面波傳播學說做出批判。由於離子通道的分布其實並不均勻，而且組成這些離子通道的蛋白質也有數百種，因此麻醉藥的效果很有可能是由各式各樣的麻醉物質分別堵塞住某種離子通道。到頭來，究竟是已廣為所知的電訊號學說正確，還是嶄新的表面波傳播學說才對，目前仍尚未定論。但是，無論哪個學說都具備能支持其論點的實驗結果，可見最有可能的結論應該是兩者皆是。

亞里斯多德與中國思想家說過「真理在於中庸之道」，或許這句話也能說成「真理在於雙方」。離子通道原本就不安定，只要軸突有些微振動就會擅自開關。因此，藉由離子的移動而產生的神經訊號也安定不下來。但是，透過機械式的壓縮波發揮作用，就有可能以物理上的方式讓離子通道的開關穩定下來，進而安定地產生電訊號。也就是說，雖然腦部的訊號是電，不過讓電得以安定產出的功臣則是機械式訊號。腦部或許是透過使用電訊號與機械訊號這兩者，藉此讓不安定的訊號傳遞穩定下來。

從腦部空隙擴散出來的訊號

由神經元與神經膠細胞連結而成的神經迴路中，具有被稱作細胞外空間的間隙（圖3-2）。細胞外空間充滿透明無色的組織液，約占成年人腦部體積的二〇%。也就是說，腦部有五分之一都是空隙。過往認為，細胞外空間的功用是支撐腦部結構、吸收衝擊等，不過最近的研究指出，它也有可能透過各種形式參與訊號傳遞。

首先，我們已經發現，調節腦部廣泛領域活動的物質會在細胞外空間中擴散，稱作神經修飾物質。這些物質本身並不新奇，如副腎上腺素、血清素、多巴胺、乙醯膽鹼等神經傳遞物質皆屬此類。但是，當它們並不位於突觸，而是擴散至細胞外空間的時候，似乎便能作用於廣泛範圍的神經元放電及突觸訊號傳遞上。由於這項作用是慢慢地進行，因此也有可能和清醒程度、心情或幹勁等狀態的調節機制有關。

此外，也有人注意到經由細胞外空間的訊號傳遞。若是將切成薄片的腦放進飽含氧氣的溶液中，就能讓它保持在活著的狀態一陣子；對該溶液進行特殊的藥物處理後，就能阻斷突觸的訊號傳遞。但是，即便是處於這樣的狀態，我們依然能測量到緩慢傳播於腦切片中的電訊號。也就是說，訊號可不經過突觸就傳送到周圍區域（這稱為接觸傳遞〔ephaptic transmission〕，ephaptic有「極為接近」之意）。照這麼看來，神經群所發出的訊號在細胞外空間中創造出一個電荷的場域（電場），而它似乎也會讓周遭的神經群產生訊號。當然，這種電場也會對產生出它本身的神經群造成影響，因此它們有可能和神經群間的相互作用及同步性現象有所關聯。

由此可見，腦部的神經迴路是由經過突觸的神經元間的隨機性訊號傳遞，以及經過細胞外空間持續且穩定的訊號傳遞同時運作，而且還有可能透過相互影響來調節彼此。這或許就是機械與腦部的不同之處，也是腦部複雜訊號傳遞的廬山真面目。

不能將神經迴路比喻為電子電路

我們可以從目前為止所提及的事實得知，腦並非是人類所想像的精密機械。此外，我們也能清楚理解到，只是透過穿梭於電子電路中的數位訊號來比喻，是無法充分理解神經迴路活動的。

本書在第一章說明了腦為什麼會出錯，以及神經元的訊號經由突觸傳遞時的不確實性。這或許會讓人產生腦不過就是個設計不良的電子電路的印象。但是，接下來的第二章介紹了足以彌補這個不良之處的機制，而這就是現有的電子電路無法實現的事了。除此之外，如同本章所述，光是觀察經由突觸的神經元間傳遞，就會發現這項機制和樹突上的反向傳播、電突觸、透過包覆軸突的髓鞘質變化來調節傳遞速度、軸突上的機械式壓縮波傳播等諸多現象相關。另外，它還有可能和不經由突觸、細胞外空間中的神經修飾物質擴散現象，以及由電場造成的訊號傳遞有關。

在講解腦部的教科書中，往往會放上簡化的神經元圖（圖3-3a）或神經元的模型圖（圖3-3b）。這些圖彷彿就像電子電路的零件一般，特別容易激發理工科學生或研究者的興趣，截至目前為止，已激發他們發表出數之不盡的神經迴路模型。然而，神經迴路的結構極其複雜，在其中來來往往的訊號更是複雜而多樣。若我們將這種複雜性與多樣性視為讓腦部得以

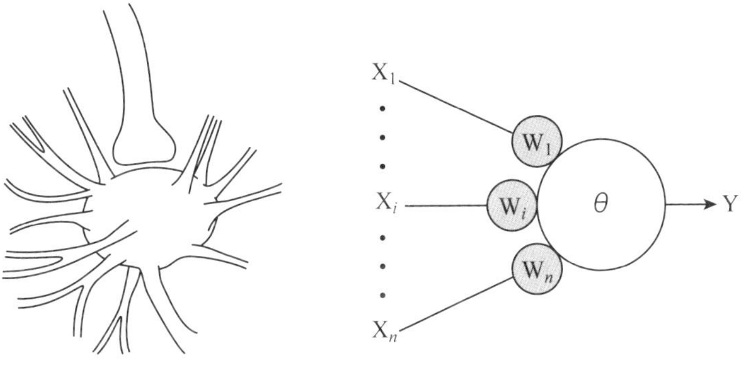

（a）　　（b）

圖3-3　過於簡化的神經元圖（a）（改編自《バイオサイコロジーⅠ》），以及過於簡化的神經元模型圖（b）（McCulloch-Pitts模式圖）

實現各種獨特功能的幕後功臣，那麼既往的神經迴路模型不僅把問題簡化得過於單純，還欠缺了腦最重要的本質，甚至還有可能連它最基本的機制都無法呈現。若要建立真正有用的神經迴路模型，勢必要實際正確體認到神經迴路的繁雜與多樣性。

另外，我們也能透過腦的複雜性與多樣性，得知腦部顯然是透過類比的方式進行訊號傳遞。像先前提到經由分布於細胞外空間的電場而傳遞的訊號，就是類比訊號。另外，每個神經元的放電是處於要放電或不放電的狀態，和遵循所謂「全有全無律」的數位訊號非常相似，但讓它得以放電的膜電位變化則是屬於漸進式的類比變化。光是一個神經元就會有來自於數千個突觸的訊號抵達，而這些訊號會同步並產生作用，讓該神經元的膜電位產生更大的變化，才有辦法讓它放電。而且，由數千至數萬個神經群透過放電而產生的訊號集合，會因每一個個別神經元產生放電的時間誤差，必然性地呈現出類比式的變動。這些事實也告訴我們，將神經迴路的活動比喻為數位訊號往返的電子電路是非常不妥當的。早在一九七〇年代就有研究者點出這件事，如約翰博士（R. John）就透過記錄貓的腦波實驗，顯示出腦部的訊號並非像能開關電路的交換式電源，而是透過廣泛且數量龐大的神經群活動來進行統計式或隨機性的處理。

2 心智能改變腦部

無庸置疑，心智是由腦部活動孕育而生的。這是因為如果基於酒精、藥物、損傷等情形而讓腦部活動有所變化，心智就會跟著改變。不過另一方面，我們也開始得知心智也有辦法反過來控制腦部活動。這或許就是我們無法把腦比喻為機械的決定性原因。儘管屬於控制方的心智是由腦孕育而生，卻有辦法獨立於腦部活動而運作。這是任何機械都不具備的功能。

神經元放電的自發性控制

一九九六年，一篇闡述動物（猴子）能自行改變腦部神經元放電頻率的劃時代論文發表。這就是神經元活動的操作制約（neural operant conditioning）。

操作制約是心理學教科書必定會介紹的學習方法，是指當某項行動產生的當下，立刻施予或不施予某種刺激（通常會是酬賞），藉此改變該項行動的發生頻率。為了增進該項行動而給予的酬賞稱作強化，除此之外，我們也能透過不去強化來減少行動次數（削弱）。只要調控強化的操作，就能自在地控制該項行動增多或減少。

大鼠按壓操縱桿的實驗很有名，人類行為當然也可以進行操作制約。從接受訓練的動物或人類的角度看來，若是希望得到強化，就會試圖自發性地增加行動；若是不願得到強化，就會停下該項行動。所謂神經操作制約是透過強化來增加或減少神經元放電，而不是增加或減少行動。也就是說，動物若是希望得到強化，牠就會自發性地試圖讓神經元放電增加；若是不願得到強化，牠就會試圖讓神經元放電減少。研究者已透過猴子的實驗證實了這一點。

研究人員將電極插進猴子的運動區，記錄單一神經元的放電將近一個小時，並在記錄觀測到放電的瞬間給予猴子酬賞（強化），結果發現這會讓猴子的放電頻率上升；而若是停止予以酬賞（削弱）的話，放電頻率就會回到原先的水準。他們還進一步同時記錄鄰近的兩個神經元放電，發現若只有在某一方的神經元放電時進行強化，則猴子就只會讓那一個神經元的放電頻率上升，並不會改變鄰近另一個神經元的放電頻率。此外，當研究人員一旦將實驗程序改成在放電頻率減少時進行強化，猴子就會讓放電頻率更為減少。

由此可見，大腦甚至能像控制行動一樣，控制單一神經元的放電頻率。這也可以說是猴子透過自身的心智（意志）來控制神經元的放電。當然，猴子不可能會知道自己腦中神經元的放電被記錄下來，所以牠們究竟是如何控制腦中神經元的頻率依然成謎，不過猴子自發性進行控制這點則是無庸置疑的。

我們很難描述，由屬於腦部活動的心智來控制腦本身的活動，究竟該稱為什麼樣的功能，或許將其稱作「後設控制性」會比較貼切。「後設」（meta）是常出現於心理學的用語，有著「在……之上」或「從外部……」之意。比方說，後設記憶指的就是「記得自己記得的這件事」。任何人應該都有過明明知道自己記得，卻無法回想起來某件事的經驗，而這個「知道自己記得」的部分就是屬於後設記憶，它和試圖回想起的記憶是分別獨立運作，可以說是在俯瞰該記憶。腦部活動孕育出記憶、感覺及運動等多樣的功能，而我們或許可以將俯瞰這些活動與功能的存在視為心智。當然，心智也是屬於腦部的活動，絕對不可能是飄浮於某個地方的神祕存在。

自發性控制同步放電

在此之後，有許多神經操作制約的實驗發表，我的團隊也鎖定位於大鼠的運動區與海馬迴的神經元展開實驗。先前介紹的猴子實驗與其他使用大鼠的實驗亦有選擇運動區，不過我們還刻意另外選擇了海馬迴。理由是我們認為，既然神經操作制約也是一種學習，那麼跟記憶與學習密切相關的海馬迴中的神經元，理應會產生更大的變化。

實驗裝置是結構單純的箱子，當大鼠將鼻子伸進壁面上所開的小洞（鼻觸反應，nose-poke response），作為酬賞的飼料就會掉出來。我們事前透過手術在大鼠的海馬迴中植入特殊的電極，成功檢測出近鄰多個神經元的放電。

我們首先讓大鼠學習透過鼻觸反應，也就是透過身體上的行動來獲得酬賞（強化牠們的行動）。對大鼠而言這項學習非常容易，大約三十分鐘就能恆常穩定地獲得飼料。

接下來，我們把能將鼻子伸入的小洞藏起來，改成在運動區或海馬迴中的神經群放電頻率超過一定的值時予以酬賞（強化放電頻率）。也就是說，我們透過神經條件制約的訓練，讓大鼠只能透過神經群的放電來取得酬賞。在訓練開始沒多久時，大鼠不停四處移動，呈現出多樣的行動模式，但過了一陣子後牠們便不再做出多餘無謂的舉動，開始得以恆常穩定地讓飼料掉出來。這代表大鼠已經能憑自身之力，讓運動區或海馬迴中的神經群放電頻率變得更加旺盛。當訓練自開始起經過三十分鐘左右時，幾乎所有大鼠都能透過神經群的放電，獲得比鼻觸反應更多的酬賞了。

最後，我們將條件設定為只有在群體中的神經元同步放電的情況，才會提供酬賞（強化同步放電）。結果，大概在經過三十分鐘後，大鼠便逐漸能恆常穩定地讓飼料掉出來了。這代表大鼠已經能讓群體中的多個神經元同步放電了。但是，這種同步放電的增強只發生在海迴的神經群中，運動區的神經群就無法實現這點。

這項實驗雖然是在二〇〇五年便開始進行準備，不過是在經過反覆的技術性改良與試誤（坦白說，就是歷經諸多失敗）後，總算在二〇一三年能將它整理成論文了。我在進行實驗時，總是會體認到人必定會出錯這個道理，而該實驗正是最具代表性的案例，讓我刻骨銘心。

人類的神經操作制約

另外，不僅是動物，人類也能憑一己之力來控制神經元的放電頻率。為了治療難治性癲癇患者，有時醫師會切除最早開始發作的腦區（病灶）。而在動手術之前，為了要鎖定病灶，醫師會在腦中植入數個電極，持續記錄神經元的放電情形。病灶的神經元會在癲癇開始發作前一段時間便呈現出異常放電。一項在二〇一〇年進行的研究，在十二名病患的顳葉內側植入六十根以上的電極，在等待癲癇發作的時間也持續記錄神經元的放電。而在那段期間，研究人員在病患面前的電腦螢幕上顯示好幾張知名人士的圖片，並記錄當患者看到哪張圖片時，哪個神經元的放電最強（圖3-4 a）。例如，研究人員將看到喬許．布洛林（Josh Brolin，我並不認識）時，放電會增加的神經元設為神經元1，看到瑪莉蓮．夢露（Marilyn Monroe，我雖然認識，但年輕一輩應該不認識吧）時，放電會增加的神經元設為神經元2。接著，他們讓病患觀看將布洛林與夢露混合在一起的圖片，並設定成當神經元1的放電頻率下降、神經元2的放電頻率上升的時候，夢露的圖片就會變得鮮明（圖3-4 b）；相反地，當神經元1的放電頻率上升、神經元2的放電頻率下降的時候，布洛林的圖片就會變得鮮明（圖3-4 c）。

接下來，他們拜託患者設法讓各個圖片變得鮮明。在提出這個請求時，他們並沒有指示要用什麼具體方法來讓圖片變鮮明。因此，有些人持續想像鮮明的圖像，也有些人將注意力集中於圖片的某個部分，方法因人而異，但他們都試圖用自己的意志讓圖片變得更鮮明。結果，有三分之二的患者成功讓圖片變得更鮮明。這就是運用「圖片變鮮明」這項強化所進行的神經條件制約，也證實人類能憑藉自己的意志增加或減少腦部神經元的放電頻率。

在近期關於人類神經條件制約的研究中，研究人員在十一名患者的前額葉、海馬迴、杏

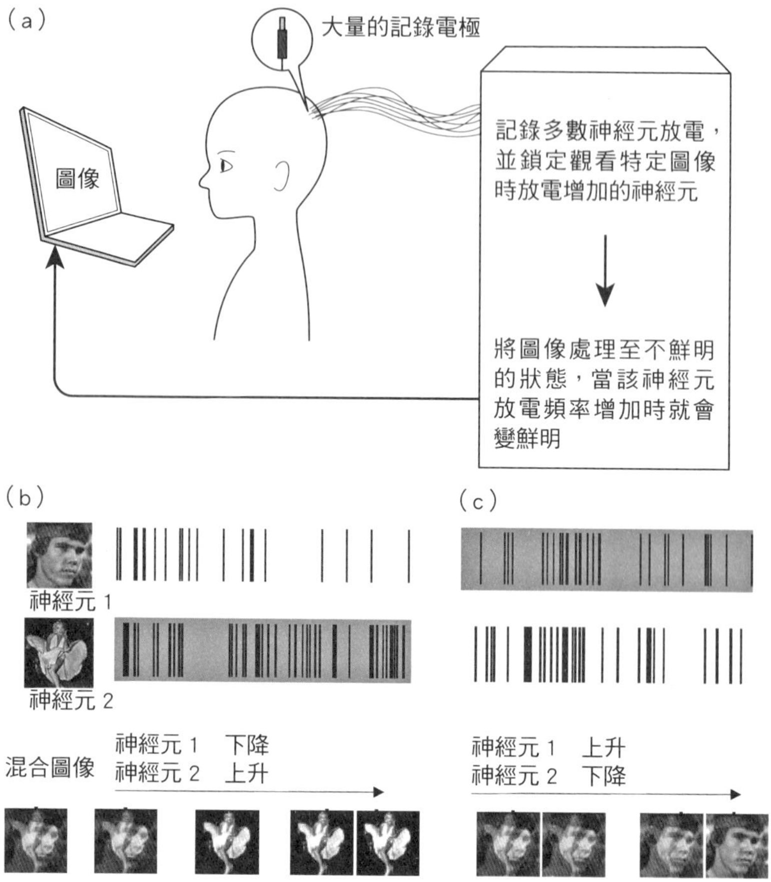

圖3-4　人類的神經操作制約研究。（b）和（c）的縱線代表神經元的放電（改編自 Cerf et al., 2010）

仁核等處植入電極，並成功讓他們憑自身之力控制這些部位神經元的放電頻率，使電腦畫面上的方塊上下移動。在這個情況之下，「自由移動方塊」就是強化。此外，和先前研究一樣的是，研究人員也沒有指示要用什麼具體方法來讓方塊上下移動。而患者為了自由控制方塊，也運用想像方塊移動的情景等獨特巧思，努力嘗試。

這項研究值得關注的地方，在於患者能憑自身意志控制放電頻率的神經元，在前額葉、海馬迴、杏仁核中都有。這和前述我們所得到的實驗結果（大鼠能憑一己之力，改變位於運動區與海馬迴的神經元放電頻率）如出一轍，顯示出我們或許具有自發性控制位於腦部任何部位神經元的潛力。試圖改變放電頻率的意志就是心智，而心智理應是由腦部神經元活動所產生的。由神經元活動孕育而生的心智，居然能控制腦部廣泛區域的神經元活動，在論及腦與心智的關係時，這項事實可說是非常重要，因為它明確顯示出腦具有後設控制性。

圖3-4的研究詳細比較了馬上能執行神經操作制約的患者（學習成功者），以及不太能執行該任務的患者（學習未成功者）的神經元放電模式，並深入探討能讓神經操作制約成功的策略。在將來，或許我們能不仰賴手術、藥物、電刺激，而是透過活用神經操作制約，也就是讓患者透過自己的心智使神經元活動朝好的方向轉變，進而進行治療。而這正是由腦來改變腦自身的治療法。

應用於人類疾病的治療

將神經操作制約方法應用於人類時，除了手術前檢查等特殊情況外，一般不會在腦中植入電極測量記錄神經元的放電。因此，也有人嘗試用不會對腦部造成損傷的非侵入式測量技術，這個名為神經反饋（neuro-feedback）的技術已逐漸普及。

非侵入式測量的代表性方法，就是先前介紹的頭皮上腦波記錄。這個方法既方便又安全，早在一百年前就已經開始使用。測量人類腦部活動較新的方法有fMRI，以及在頭皮對腦部照射弱近紅外線的近紅外光譜法（Near-Infrared Spectroscopy, NIRS），從它的反射光來測量腦部血流變化。但無論是哪一種方法都是在觀測血流的緩慢變化，無法即時測量腦部的活動。由於神經操作制約需要在試圖增強的行動與腦部活動產生的當下立即進行強化，因此這種會產生時間差的方法，幾乎無法應用於神經反饋。

神經反饋已逐漸活用於各種精神疾病的治療及發展障礙的改善上。例如，在多數注意力不足過動症（Attention-Deficit Hyperactivity Disorder, ADHD）孩子的腦波中，頻率較高的 β 波（十四赫茲以上）偏弱，頻率較低的 θ 波（四到八赫茲）偏強。若是透過神經反饋讓 β 波增強、θ 波減弱，就能提升他們的注意力。另外，也有報告指出神經反饋能改善憂鬱症或強迫症，而無論是哪一種疾病或障礙，基本方法都是相同的。首先，我們需要鎖定並找出該疾病或障礙特有的腦波成分，並運用類似神經操作制約的方法，透過訓練來增強與之相反的理想腦波成分。

至於具體的訓練方法非常多樣。例如，有些案例是將腦波測量裝置和電腦遊戲相連起來，當理想的腦波成分增強，就能得心應手地操作遊戲（如擊落敵方戰鬥機等），這相當於是一種強化，能進一步讓理想的腦波成分更增強。又或者，我們也能讓患者在出現不理想的腦波成分時，無法操作遊戲，藉此減弱該項腦波成分（削弱）。

不過，也有不少案例回報無法確認神經反饋的效果。另外，就算是在看得見成效的案例中，它所能帶來的效果也存在非常大的個體差異。其原因是腦波訊號本身非常不穩定又不恆常。

此外，唯有由本人從錯誤中嘗試，才有辦法找到自力產生理想腦波成分的方法，而這些方法又是因人而異。舉例來說，若要增強β波，有人會想像自己從高處跳入海中，有人則會想像在露營場野炊的情景。今後若要讓神經反饋能更確實穩定地發揮成效，需要設計出能更精準檢測並同步記錄腦部活動的方法，以及能更有效控制自身腦部活動的方法。不過由於必須是非侵入式的方式，這顯然絕非易事。

3 「病由心生」是真的嗎？

透過神經條件制約的研究可得知，儘管心智是腦部的活動，但它（意志）其實能控制神經元的放電。這意味著腦具有能控制自己本身的後設控制性。由此可知，如果我們能透過自己的心態，改善腦部的低迷或是由腦所控制的身體狀態，那麼「病由心生」這個現象就可以成立，這也呈現出腦部活動的後設控制性。而最近的研究已經逐漸確認，心智確實能改善腦部或身體不適。

相信就能得救

帕金森氏症是會隨著年齡而提高發病率的難治疾病，通常伴隨運動障礙和精神症狀，在六十歲以上人口中，大約每一百人就有一人罹患此病。雖然發病原因不明，但已知這是發生於腦中的病變，當黑質（substantia nigra）的多巴胺神經元（將多巴胺當作神經傳遞物質加以利用的神經元）滅絕或變性（denaturation）時會出現的症狀。服用增加多巴胺的藥（左旋多巴，Levodopa）能將症狀抑制至某個程度，並能觀察到腦中的多巴胺確實有所增加。另一方面，若是服用偽藥（宣稱是左旋多巴的生理食鹽水）也能舒緩症狀，而且腦中的多巴胺也會和服用真的左旋多巴時一樣增加。

此外，患者腦中下視丘的神經元可能會反覆異常放電。在正常情況下，下視丘的神經元放電會因多巴胺而受到抑制，因此缺乏多巴胺會讓它們的放電增加。而這種異常放電，也會因注射宣稱是強效治療藥的生理食鹽水而緩和。只要患者相信他們服用或注射的藥是真的，這些效果就會出現。

只要相信它是真的，就算是偽藥也能達到效果，這稱作安慰劑效應，而這樣的現象也屢屢發生於頭痛、腸胃炎、憂鬱症等症狀中。然而，這些都是關於疼痛或情感上的主觀效果，因此經常被解釋為所謂的「心理作用」。但是，帕金森氏症的偽藥效果則是毫無疑問地引起腦中物質上的變化，還改變了神經元的放電。相信藥物有效，實際對腦的狀態與活動造成了變化。換言之，安慰劑效應清楚呈現出由腦部活動孕育而生的心智，改變了腦部本身的後設控制性。

偽藥之外的安慰劑效應

除了偽藥以外，還有別的安慰劑效應被證實於帕金森氏症中。自一九八〇年代以來的一段期間，醫學界曾經嘗試將遭到人工流產的胎兒黑質中的多巴胺神經元，移植至帕金森氏症患者腦中。在為了正確評估治療效果的臨床試驗中，他們將患者隨機分為兩組，讓其中一組（移植組）實際接受多巴胺神經元移植，另一組（偽移植組）則是動了手術但沒有移植。醫師事前只向患者說明會將他們分組，但沒有告訴他們究竟被分到哪一組（一般來說，任何臨床試驗都會這麼做）。而根據二〇〇一年發表的論文顯示，兩組之間的改善情形沒有差異，可見這項基於移植的治療方法沒有效果。

然而，有一件事對患者症狀的改善造成了差異。但這並不是實際的分組，而是患者猜測自己被分到哪一組。也就是說，那些猜測自己被分配到移植組的患者，無論是否真的接受了移植，症狀改善都比猜測自己被分到偽移植組的患者更明顯。這就是腦部手術的安慰劑效應，認為自己接受先進治療的患者心智，雖然仍不足以讓帕金森氏症痊癒，但也確實達到了治療的效果。

這種由假手術帶來的安慰劑效應並不侷限於腦部。隨著年齡增長或事故導致脊椎骨產生裂痕時，會在背部出現強烈的慢性疼痛。有一項稱作椎體成形術的治療方法，能緩和這種脊椎骨的疼痛，而這項方法就是在出現裂痕的地方注入醫療用接著劑加以固定。然而，在二〇〇九年，有一項針對這個方法有效性的臨床試驗發表了結果，將參加的一百三十一名患者分為手術組和偽手術組，並比較兩者間的改善程度。結果顯示，手術組和偽手術組之間的疼痛改善程度不具差異。然而，要是僅聽到這裡，那麼結論就會是椎體成形術沒有效，但事實並非如此。兩組之間之所以不具差異，是因為無論是手術組或偽手術組的疼痛同樣都得到大幅改善。也就是說，椎體成形術明顯有效改善疼痛，而認為自己有接受這項手術的偽手術組，疼痛也同樣獲得改善。

當然，這項臨床試驗也沒有告訴患者他們究竟被分到哪個組別。在進行偽手術的時候，醫師也費盡巧思讓患者相信這是在進行真正的手術。為了讓患者無法在事前透過醫師的態度推測出真相，就連負責執行手術的外科醫師也沒被告知患者究竟是被分配到哪個組別，他們會依照流程在背部注射局部麻醉的藥物，直到拆開裝有手術用品的袋子瞬間，才會知道這次究竟是不是偽手術。手術流程和真正的手術如出一轍，外科醫師會依照事前的排練，採取相同的行動、說同樣的臺詞、打開接著劑的蓋子、整個手術室也散發著獨特的揮發性氣味。然後他們對患者的背部施加壓力，將針刺入。其中唯一的差異，就只有是否實際注入接著劑這點而已。

透過綿密周到的設計，即使接受偽手術的患者也相信自己接受了真正的手術，而這也和真正且有效的手術一樣能改善疼痛情形。

為什麼會出現安慰劑效應？

除了帕金森氏症治療藥外，許多藥物都有安慰劑效應。光是服用標榜非常有效的安眠藥偽藥，就能達到相同的睡眠效果。在緩和癌症疼痛方面獲得高度評價的氯胺酮（ketamine），它的偽藥也一樣有效。除此之外，二〇一四年一項比較狹心症和膝關節炎等多樣疾病的外科手術及其偽手術效果的研究指出，大約有半數病人在接受偽手術後，症狀改善程度與真實手術相同。安慰劑效應的範圍比想像中還要更廣泛，由此可知心智其實能控制許多疾病或手術所引起的痛苦。

那麼，心智究竟是如何減輕痛苦的呢？它是在降低那些和感受疼痛有關的神經元放電，抑或是為腦部帶來能緩解疼痛的生化作用？看起來，答案是後者的可能性比較高。

在一項研究中，研究人員向接受口腔外科手術後的患者說明即將注射強力止痛藥，並對他們注射偽藥（生理食鹽水），結果發現約有三分之一患者的疼痛得到顯著改善。緊接著，研究人員在沒進行任何說明的情形下，對這些疼痛有所改善的患者注射納洛酮（Naloxone），結果疼痛又復發了。納洛酮具有阻礙腦內啡（endorphins，腦部形成的止痛物質）運作的作用。腦內啡與嗎啡、海洛因是屬於相同種類的化學物質，具有強力的止痛作用。這種止痛作用會因注射納洛酮而消失，讓疼痛復發，就代表當偽藥帶來的安慰劑效應讓疼痛舒緩的時候，腦中真的有產生腦內啡並實際運用。事實上，腦內啡會造成心跳與呼吸次數下降，而安慰劑效應的患者其心跳與呼吸次數也觀察到確實下降了。安慰劑效應帶來的止痛作用，並不是幻想或一廂情願，而是以和實際藥物相同的機制，引發了腦與身體上的物質變化。

這種安慰劑效應及其運作機制，也見於醫療現場外的情況。像是攀登高山時，有時會出現頭痛、暈眩、嘔心想吐等症狀，也就是所謂的高山症。這是因為高山的空氣稀薄，使血氧濃度降低，因而導致腦部為了增加血流而產生前列腺素（prostaglandin）。前列腺素具有擴張血管的作用，因此會使腦中的血管急遽擴張，進而導致劇烈頭痛與暈眩。這種高山症能透過吸入氧氣得到改善，不過就算是讓患者吸入謊稱為高濃度氧氣的普通空氣，一樣有可能得到改善。研究人員測量了這些人血液中的前列腺素濃度，發現其濃度明顯下降，血管的擴張也緩和下來了。

當然，安慰劑效應也是有極限的。像在高山症的案例中，就算患者頭痛平穩下來，血氧濃度依然偏低。此外，就算腫瘤性疼痛得到紓緩，也不代表腫瘤本身變小。換句話說，安慰劑效應不會對沒有疼痛或麻痺等自覺症狀的疾病帶來任何治癒。但是疼痛等自覺症狀的改善，能為各種身體上的功能帶來改變，像是改善消化系統的運作、活化免疫系統等。

免疫系統在過去雖然被視為一個獨立的系統，但現在我們已經知道它和神經系統相連，密切進行著相互作用。如脾臟和胸腺這些主要免疫系統的臟器就和神經纖維相連，我們也在免疫細胞的表面上確認到神經傳遞物質的受體。眾所周知，煩惱等精神上的壓力會降低免疫功能，使人更容易罹患各種疾病，這點確實具有生物學上的根據。

4 AI無法取代大腦

雖然大腦和人類所想像的精密機械不同，但也有一些機械會模仿腦部，或是接近腦部的運作模式。這樣的系統被稱作AI（人工智慧），是由高性能的電腦來運作的程式。其中最顯著的例子，莫過於AI接管了過往由人類主導的語言溝通任務。除此之外，AI也開始活用於醫療領域的影像分析及汽車的自動駕駛。如同機械接手那些原先是由人類所進行的體力活一般，AI也開始接手幾項原先是由人類大腦所進行的作業。基於這個理由，有人開始預測AI有朝一日會如同大腦一般運作，將來甚至會發展出超越人腦的人工腦。

但是，如果AI能以與腦相同的方式進行運作，就代表AI也具有心智，但真的有可能發生嗎？追根究柢，現在坊間流傳的「模仿大腦的AI」，真的是在模仿大腦嗎？

根本沒在模仿大腦

所謂的ＡＩ，是為了支援人類，或是為了代替人類工作而開發出來的電腦程式。最近ＡＩ的性能急速上升，在日本將棋上已能擊敗職業棋士，在醫療現場也能發現人類看漏的病變，就連實現汽車自動駕駛也指日可待了。毫無疑問地，ＡＩ能負擔人類不擅長或無法辦到的作業，今後勢必也會繼續運用下去。近來ＡＩ之所以能實用化到這個地步，主要歸功於兩個原因。其中一個原因，是從過往持續進化至今的電腦性能（演算速度與記憶容量）有了飛躍性的成長。而另一個原因，則是深度學習（deep learning）這個嶄新計算方式（演算法）的開發，這是傳統神經網絡的進一步發展。

神經網絡是一種模仿神經元組成的神經迴路運作機制的數學模型，也就是計算式。而它所模仿的神經迴路運作機制如同第一章所述，也就是當一個神經元同時接收到來自於數個神經元的輸入時，該神經元就會放電，並將該訊號傳遞至下一個神經元的這一連串運作。除此之外，神經網絡還加入了只要神經元放電，其輸入的部分（也就是突觸）就會產生變化，藉此提升神經元的敏感性（在神經網絡中稱作加權），讓下一個輸入的效果變得更強的運作機制。像這樣進行運作的網絡（計算式），可分為輸入層、中間層（也稱作隱藏層）及輸出層，而那些輸入進來的資訊會經由「輸入層↓中間層↓輸出層」的順序處理，生成出最合適的解答。至於所謂的深度學習，則是增加了神經網絡中間層的數量。如此一來，就能成功讓解答的精確度得到飛躍性進展。這當然要歸功於全新演算法的開發，不過能在短時間內完成龐大計算量的高性能電腦問世，也為這項成功帶來莫大貢獻。

但是，在談論這種透過深度學習而正式邁入實用化的AI時，我們常會看到某種令人費解的說明。那就是宣稱它是「將人類腦部運作模型化的網絡」。確實，奠基於深度學習的神經網絡是在模仿神經元間的訊號傳遞，正如同本書目前為止所詳述的，實際上在腦部，光是一個神經元就有數千個輸入部分，就是所謂的突觸，而進行的訊號傳遞也是非常不確實且隨機性的。而且，腦部的訊號傳遞可能還涉及多種機制，例如，負責輸入的樹突上發生訊號的反向傳播、透過包覆軸突的髓鞘質變化來調節訊號傳遞速度，以及在軸突表面上進行傳遞的壓縮波等諸多現象。此外，神經修飾物質在不通過突觸的細胞外空間中的擴散，以及該處的電場所造成的訊號傳遞，似乎也參與其中。簡而言之，我們對腦部的運作方式依然瞭解甚少，要將它模型化應是不可能的事。

除此之外，我們也常常看到一些說法，如「模仿腦中網絡循序漸進的反覆學習，藉此辨別影像或聲音」，或「模仿大腦皮質的神經迴路結構」等，但無論是哪一項，腦部實際情形都依然成謎。我們尚未完全明白人類辨識外界事物的機制，無法斷定是否真的可經過循序漸進的反覆學習而學會辨識。這是因為年幼的動物或人類的嬰兒，能在相當早期的階段就分辨出人臉和其他物體的差別。

另外，大腦皮質的神經迴路結構遠比科學家原先預想的還要複雜，要解開此謎團可說難如登天。例如，試圖釐清人類腦部神經迴路結構的人類連接組計畫（Human Connectome Project），於二〇〇九年啟動。但是直到現在，我們能確定的只有具備三〇二個神經元及七千八百個突觸的線蟲（C. elegans）的神經迴路結構。這個全長一毫米連腦都沒有的小蟲，就耗費了十年以上的歲月。更不用說，人類的腦是有著一千億個神經元及五百兆個突觸。人類連接組計畫現在正著手研究蒼蠅的神經迴路結構，在瞭解蒼蠅的神經迴路結構之後，才會開始研究哺乳動物類的小鼠。

當然，這些批判並非是否定ＡＩ的價值，也沒有要刻意挑語病。當ＡＩ研究者在說「模仿腦部」的時候，他們想要表達的只是「從現階段所知的腦部概略得到了靈感」的意思，應該不會有人認為我們已經知道腦部的一切了吧。然而，至今為止，我們對腦部理解的片斷性知識，或是教科書概略記載的，顯然都不能稱得上是大腦的本質。而現在那些接踵發現的（或尚未發現的）詳細結構或功能，很有可能具有極為重要的意義。

ＡＩ和大腦具有本質上的差異

我們之所以對ＡＩ模仿腦部的論調做出嚴正批判，其實還有另一個原因。那就是部分ＡＩ研究者（雖然只有少數），打從心底認為ＡＩ的研究（尤其是深度學習的研究），能反過來說明發生於腦部神經迴路的現象。他們認為要是ＡＩ能像人類一樣辨別影像，就代表腦也是運用類似ＡＩ所使用的方法來辨別影像的。或者，我們已經知道ＡＩ也能辦到先前介紹的後設記憶（記得自己記得）這種高階功能，而這些研究者便依此做出，腦部就是運用與ＡＩ相近的方法來產生後設記憶的結論。但是，這顯然錯得離譜。這個道理就相當於，即便製造出翱翔天際的飛機，也不能代表我們已經完全明白鳥類能在空中飛行的機制。

我必須在此重申，ＡＩ是能在電腦上極速處理龐大資料的程式。而它運作的基本原理，純粹是仰賴電壓與波形都完全一樣的數位訊號開關，僅藉由將「開」視為1、「關」視為0的二進位法來進行邏輯運算與訊號處理。這個數位訊號能極為高速地運作，光是現在的標準型電腦（搭載英特爾〔Intel®〕的Core i7），就能在一秒內進行八百億次的浮點數運算。所謂浮點數，就是以$X \times Y^{Z}$的形式來表達數字（X乘以Y的Z次方），它的優點在於能用一樣的形式來表達位數較大的數字，由於這樣的計算需要耗費大量時間，因此我們在判斷電腦的性能（運算速度）時，經常會刻意將它視為指標。運算次數會使用每秒浮點運算次數（FLOPS）

這個單位，一秒內能運算八百億次就是80 gigaFLOPS（一giga是十億）。當然，高性能的ＡＩ經常都會使用遠比標準型電腦更高階的電腦，甚至是使用超級電腦。

另一方面，如同前述，神經元放電一次約需要一毫秒，一秒內至多放電一百次就已經是極限了。而且，當訊號傳遞至下一個神經元時，必定會經由膜電位類比變化的中介，因此會發生數毫秒的延遲。另外，不說也知道，就算是心算高手的腦，至多也只能在一秒內進行一至兩次的浮點數運算吧。而且流動於電腦電路中的電訊號，比流動於神經纖維之間的訊號還要快上數百萬倍。更何況神經元還能增殖，神經迴路的結構時時刻刻都在改變，就算受到損傷，其他迴路也會透過變化來進行功能代償。由此可見，電腦和大腦無論是在結構或是訊號的流動上，都具有截然不同的性質。很明顯地，ＡＩ這個運作於電腦中的程式，完全無益於釐清腦部運作的真相。

ＡＩ的脆弱性

確實，ＡＩ在許多場合開始漸漸取代人類，或是凌駕於人類能力之上。但是，這並不意味它每個面向的能力都超越人類。這是因為ＡＩ具備的能力只能用於特定情況。擊敗當時世界最強圍棋九段棋士李世乭的ＡＩ「AlphaGo」，就無法辦到圍棋以外的任何事情。另一方面，李世乭則是除了能理所當然地自由運用語言，還能下廚、閱讀小說、享受電影。走向高性能化的ＡＩ，充其量也只是在專用系統中的高性能罷了。而且與它高性能的印象大相逕庭的是，ＡＩ的脆弱性與危險性正逐漸被指出來。

現在ＡＩ擅長的領域之一是圖像辨識（模式識別）。透過深度學習與電腦高速化的相輔相成，ＡＩ已經能透過搜尋並比對過去龐大的資料，迅速偵測出人類不小心看漏的細微圖像變化。但是與此同時，也不時有報告指出，僅僅在圖像中混入完全不會對人類認知造成影響的雜訊，ＡＩ卻會產生非常令人大惑不解的回答。

例如，在辨識交通標誌時，只要在寫有「停」的標誌某處貼上小小一張貼紙，ＡＩ就會將它判斷為「限速四十五公里」這個完全不相干的標誌。另外，據說ＡＩ有時會無法分辨過馬路的行人和被風吹起的塑膠袋。雖然人類會出錯，但再怎麼說也不會出現這樣的失誤，對於ＡＩ自動駕駛的汽車，我還是覺得非常害怕。另外，有研究發現，只要將圖像疊加非常輕微的雜訊，ＡＩ的回答就會變成完全不同的圖像。當將大貓熊的圖像和人類幾乎無法察覺到的雜訊重疊，ＡＩ會做出公羊的回答；若是改變整體的色調，ＡＩ則是會做出泰迪熊的回答（圖3-5）。有鑑於此，我們依然無法信賴ＡＩ所進行的病理診斷。

這樣的失誤（也就是誤判）固然是個重大問題，不過更嚴重的問題在於，我們並不太清楚AI誤判的背後理由。常有人認為既然計算方法和程式都是由人類開發的，那問題所在應該能馬上釐清，但事實並非如此。我們的確可以縝密追查程式的執行流程，但隨著電腦性能的提升，AI能最大化利用電腦進行龐大資料的處理和計算，因此也讓人類無法跟上它所處理和計算的龐大數字，無法得知究竟是哪裡的計算出了差錯。而這就意味著，我們並不知道該用什麼方法，才能規避AI的失誤（換言之，這就是人類最初在設計程式時犯下的失誤）。

現在人們正在設計各種方法（演算法）利用網路上共享的程式來遠端騙過AI，而它們也確實在眾多方面造成AI的混亂。這類被稱作對抗式攻擊（adversarial attacks）的方法，在今後會越來越多。但由於我們無法瞭解AI究竟是在哪裡出現混亂，因此防禦方面的挑戰也將更加艱巨。

AI無法成為人類

如同前述顯示，AI和人類辨別事物的方法，可說是完全相異。AI的功能確實提升了，但絕不代表它更接近於人、更接近於腦。追根究柢，AI是運作於與腦大相逕庭的人工構造物（電腦）中，用和腦完全不同的方式傳遞並處理訊號，它們的系統當然不可能會相同。不用說也知道，腦並不像AI一樣需要啟動鍵或程式指令。既然結構、運作及活動方式等面向都不同，我們自然很難想像ＡＩ能像腦一般孕育出心智。ＡＩ根本不可能擁有自由意志，永遠只會朝著被指定的任務或目標前進。

即便如此，還是有人煞有其事地主張，有朝一日ＡＩ可能會接近腦，甚至會成為超越大腦的超級腦，擁有心智並取代人類，或是征服並使役人類。但是，這些主張都存在好幾個對於大腦的誤解，包括：

- 腦的運作僅憑神經元與連結它們的突觸活動。
- 既然神經元與突觸的基本運作方式已經釐清，便有可能透過數學公式描述神經迴路，並透過程式來實現其運作方式。
- 在不久的將來，人類腦部的完美配線圖會大功告成，我們也能用電子電路重現它。
- 就算沒有完美的配線圖，神經元間的連結方式依然具規則性，因此還是能透過程式來建構神經迴路。
- 只要能透過程式重現簡單的神經迴路運作方式，接下來只要增加並重疊這些迴路，就能摸擬腦的運作模式。

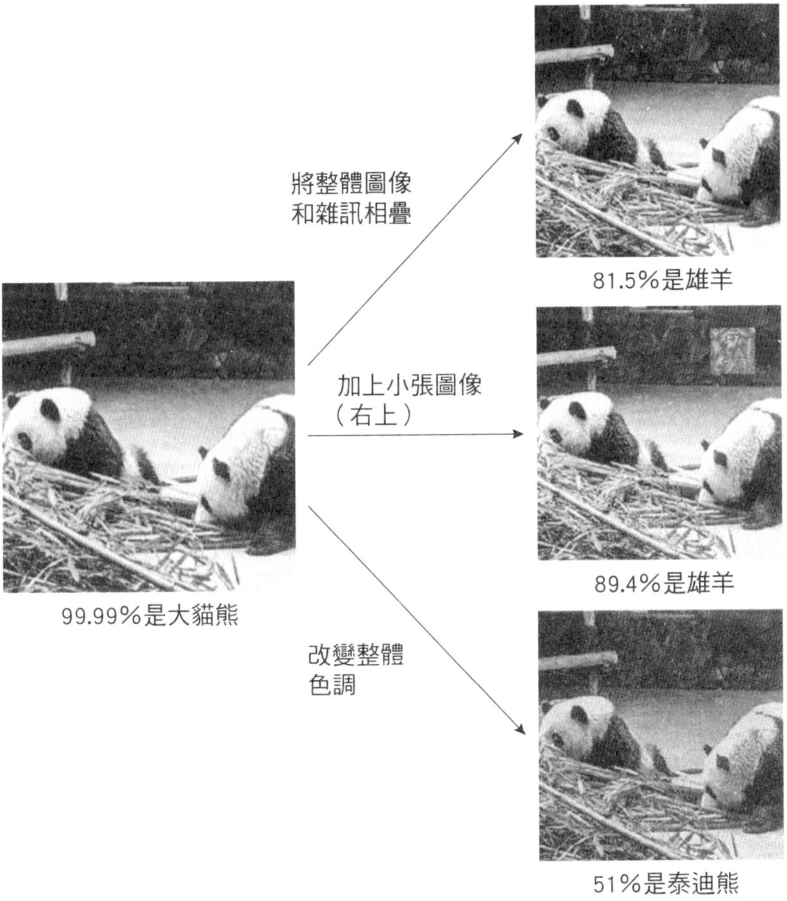

圖3-5 AI的圖像辨識錯誤（改編自《別冊日 サイエンス 239》）

當然，將本書內容閱讀至此的讀者應該已知道，上述五點都是錯的。就現階段而言，我們認為腦部主要是透過神經元與突觸來運作。本書在解說腦為什麼會出錯時，也是從經由突觸的神經元間訊號說明起。但實際上這並非腦部活動的一切，如前所述，腦部活動還具有好幾個未知的構成要素。

另外，我們對活生生的腦部神經元與突觸的基本運作，還所知甚少，特別是突觸的可塑性更是謎團重重。沒有人知道我們是否能完成人類腦部的配線圖，就算辦得到，也必定得等到遙遠的未來。而且，正如同腦積水這類極端案例所示，腦部功能也存在著明顯的個體差異。

此外，我們連小鼠或大鼠腦中大量神經元的連結規律性都還不甚清楚。我們雖然已經掌握了線蟲或海兔（Anaspidea）等簡單神經迴路的訊號傳遞，這對於基礎機制的理解有極大貢獻，但還無法證實這些機制可以延伸或套用到人類腦部這個極為複雜的神經迴路，而且也可能並非如此。如果是那樣的話，就代表我們不過是海兔神經系統的大型集合體罷了（圖3-6）。

心智無法用算式呈現

有些人主張，有朝一日AI將不再只是特定任務專用，而會成為一種萬能系統，甚至還可能擁有心智。這些人通常很喜歡技術奇異點（singularity）一詞。這是一種認為技術會永無

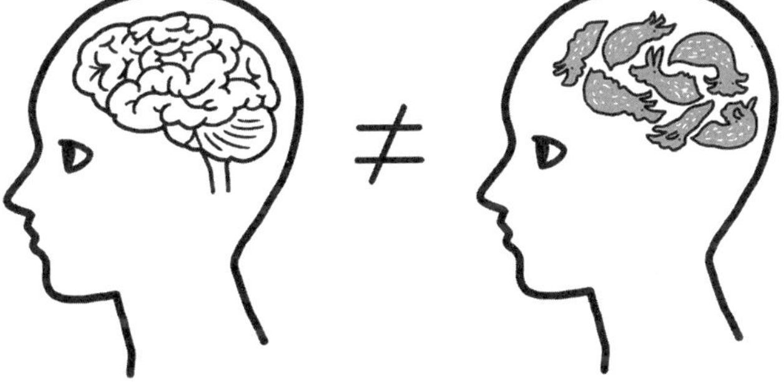

圖3-6 人類的腦並不僅止於單純的神經迴路集合體

止盡地進步的想法，當ＡＩ進步時，這個進步的ＡＩ就會創造出更出色的ＡＩ，而該ＡＩ又會再創造出更出色的ＡＩ，如此反覆就會造就出完全無法預想的超級ＡＩ。但是，即便如此，ＡＩ依然還是在電腦這個機器中運作的程式。更何況，認為技術的進展永無止盡的想法，終究是不切實際。無論任何技術都會有它的限制，實際上，電腦的處理能力已經逐漸趨近於極限，我們很難想像，建立於邏輯運算的程式會超越程式本身，而成為更高層次的東西。

也有人預測，有朝一日配備高性能ＡＩ的高階電腦將完全複製人類的腦部，讀出其內容（也就是心智）並下載至電腦。還有人預言，只要將讀出的心智移轉至電腦，並將它輸入至他人腦部，就能讓人與人不透過話語也能直接進行溝通。但是，這些事情都不太可能成真。如果我們能將心智移轉至電腦，就意味著心智可以完全用可運算的電腦數位資料來描述，也就是數列、函數、算式等。基努・李維（Keanu

Reeves）主演的科幻電影鉅作《駭客任務》確實描寫著這樣的未來，但這終究只是電影的世界。數字或數學說穿了不過就是人類所想出的方法，在自然界中，連同人類的行動在內，有數不盡的現象是無法用算式忠實記述的（或許能用粗略機率的形式來記述）。無論是發生於腦中極其複雜的類比現象，或是由此孕育而生的心智，都必須被視為這類現象之一。

今後ＡＩ的性能將會更上一層樓，想必部分能力也會越來越凌駕於人類之上吧。但是，就算現在ＡＩ的將棋已經強過任何名人，人們依然會享受將棋的樂趣，被藤井聰太的勝利所感動，甚至會對他在對弈中所吃的午餐都感到興致盎然。我們不會認為反正ＡＩ比較強，就對將棋失去興趣。這是因為我們很清楚ＡＩ並非人類。當尤塞恩・博爾特（Usain Bolt）在二〇〇八年北京奧運跑出九秒六九的世界新紀錄時，應該沒有人會因為汽車跑得比較快，而認為沒什麼大不了的吧。這也是因為我們很清楚汽車並非人類。

現在該擔心的，並不是ＡＩ成為人類或ＡＩ支配人類，而是這項便利工具的程式發生失誤，以及已經成為問題的誤用與濫用。

專欄3 線上會議或遠距教學會影響大腦嗎？

隨著新型冠狀病毒（COVID-19）自二〇二〇年一月左右開始蔓延，轉眼間，企業的線上會議與學校的線上授課突然普及。在此之後，眾多研究都致力於探討不與人直接見面，而是透過螢幕進行交流，究竟會對人類的心智（也就是腦部活動）帶來什麼樣的影響。就現階段而言，我們幾乎可以肯定這樣的情形會造成孤獨感及憂鬱狀態。

在公司上班或在學校上課，會和眾多人有所接觸，受到多樣的刺激，也會大量活動身體。一旦改成線上進行，會變成一整天都坐在房間的同一個地方。尤其是我們明明知道在戶外進行適度運動，能預防或改善憂鬱狀態，但人們卻失去了這項機會（當然，通勤或通學也是一種運動）。過於頻繁地使用線上方式，會剝奪與他人適度接觸的刺激及身體運動的機會，勢必會對腦部帶來負面影響。

儘管如此，還是有公司或學校試圖在日常生活中增加更多線上活動。就連日本私立大學聯盟也要求文部科學省，廢除線上授課六十學分內的限制。雖然這在大流行病蔓延的非常時期是無可奈何的事，但若要求廢除該限制的理由並非為了學生，而只是想增加學生人數、同時最大限度地減少教室設施和教師人數的商業考量，那就枉為人師了。

除此之外，頻繁進行線上會議或線上課程，也會讓接觸電腦與智慧型手機的時間大幅增加。至今為止，已經有許多報告指出，長時間操作電腦或智慧型手機會對腦部帶來負面影響。例如，電腦或智慧型手機這種記憶裝置，能輕易儲存我們應該記住的資料，因此那些資料便無法留存於我們的記憶中。若是外界另有記憶裝置，我們自然就不會使用自己的記憶裝置（腦部），而不使用的東西自然就會退化。另外，長時間或高頻率使用智慧型手機也被發現是罹患憂鬱症的危險因子之一，原因與過度使用線上溝通手段相同。還會造成孤獨感增加、自我肯定感與幸福感降低、學習能力下滑，而這也可能源於缺乏現實世界的刺激及適度的身體活動。

此外，也有人提出透過虛擬實境（VR），將線上溝通轉變為如同面對面般真實情境的方式，而部分內容也已經付諸實踐。具體來說，只要戴上完全遮蓋雙眼及其周圍的頭戴顯示裝置（HMD），並運用雙手的感應器，透過手臂的動作與手指進行操作，就能在頭戴顯示裝置裡看到虛擬實境中的會議室或教室，並在其中操縱自己的虛擬化身（avatar）。由於虛擬實境中的會議室或教室，還有其他透過網際網路連結的其他虛擬化身，因此我們能如同處於真實情境般進行會議或上課。但是，腦部活動所呈現出的結果告訴我們，這跟真實世界的空間還是存有相當大的差距。

有一項實驗，在大鼠眼前擺放數個大型顯示器，讓牠觀看虛擬實境的迷宮空間。而當頭部受到固定的大鼠活動四肢時，迷宮的景象就會依照設定隨之移動，彷彿就像真的在奔跑般。該項研究是讓大鼠在虛擬實境的迷宮中奔跑，然而，原本會隨著迷宮位置變化而出現的海馬迴神經元放電，變成以不規則的形態出現。也就是說，虛擬實境所引發的腦部活動，有別於現實世界。至於人類，尤其是眼球運動處於不穩定階段的成長期孩童，如果在虛擬實境中多次經歷違反現實物理法則的動作後，可能會導致控制眼球的神經迴路發生障礙。還有，若是長時間體驗虛擬實境，可能會讓抑制衝動的功能下降，甚至還會將虛擬實境出現的景象或體驗，混淆成發生於現實的事。

不過，這種由虛擬實境帶來的腦部變化可以用於治療上，像是舒緩各種慢性疼痛。例如，若是移動右手就會出現劇痛，那就用不會疼痛的左手，操縱虛擬實境空間中虛擬的右手。也就是說，如果患者體驗到自己（虛擬化身）就算移動右手也不會感到疼痛，那麼回到現實世界也能大幅舒緩右手的疼痛。

這確實是虛擬實境的有效應用。然而，這也代表腦會隨著虛擬實境的經驗而產生變化。而且這種變化就算離開虛擬實境，也會持續下去。我們必須留意這個不容忽視的事實。

第四章

破解迷思

——大腦的真實樣貌

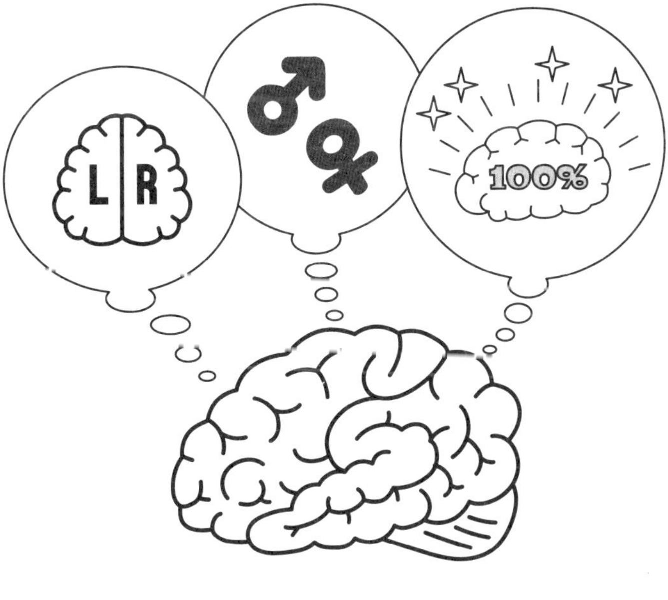

1 腦是孕育迷思的寶庫

本書的目的在傳達腦部的實際面貌，同時也希望解開一些誤解：認為ＡＩ已接近腦並擁有心智，以及部分研究者主張「腦已被理解透徹」等觀念。這是因為「腦已被理解透徹」是將腦過於簡化後而產生的錯誤理解。這種誤解就是對腦的迷思，至今已廣為傳播，被稱作神經神話。其中有幾項誤解早在我仍是學生時就已存在，如人類的腦部運作功能到三歲時就已經定調、自閉症是因為父母養育的方式導致其腦部造成障礙所致，或是神經元在出生後就不會增加，每天都有十萬個神經元死去。這些都是毫無根據的錯誤訊息，但這些迷思依然根深蒂固。而且，還有過往研究者發表的結果被誇大扭曲，導致這類迷思更牢不可破，難以消除。其中有三項迷思最常見。

左右腦幾乎都相同（反駁右腦人與左腦人神話）

大腦的左半球與右半球具有不同功能的說法，已眾所周知。至今為止有眾多相關研究論文與專書出版，現在也依然是炙手可熱的研究議題。一般廣為流傳的，就是左半球（左腦）掌管語言與邏輯，右半球（右腦）則是跟感性與視覺空間認知有關。這也造就出依照個人擅長的能力，將人分成左腦型人格與右腦型人格，並鼓吹，若要提升邏輯就要鍛鍊左腦、要提升感性就要鍛鍊右腦的商業行為。但其實，我們根本不知道邏輯或感性的處理究竟是在腦部的何處進行，也沒有任何證據顯示左腦或右腦和此有關。唯一能確定的，就是多數人的語言功能呈現出左腦優勢的傾向。

為什麼無法在語言以外的功能找到證據呢？因為顯示左右半球功能不同，是從接受了「全胼胝體切開術」的患者身上獲得的。這項手術是切除連接兩半球的胼胝體（還會切除連接兩半球的前連合〔anterior commissure〕與後連合〔posterior commissure〕）。這是相當特殊的手術，由於患者大腦半球的某一邊就是癲癇的病灶，手術的目的是為了避免該處產生的發作波擴散至整個腦部。這項手術起於一九四〇年代，迄今世界各地已有眾多患者接受了該手術。但是，近年來治療癲癇的方式會先使用抗癲癇藥物，若是無效，再嘗試切除發作的病灶。要是依然看不見成效，或是無法確定病灶的情形下，才會實施全胼胝體切開術。現在全世界每年大約有五百件左右的全胼胝體切開案例，日本國內則有三十至四十件。

左右大腦半球分別支配身體的對側，右手或右腳的運動與感覺是由左腦負責，左手或左腳的運動與感覺則是由右腦負責。然而，眼睛和腦的關係就沒有那麼單純了。圖4-1是眼睛和腦部連結的俯視圖。如果沿著自左眼與右眼的後方（視網膜）連到腦部的線觀察，就能得知，無論是哪一邊的眼睛都會連接至腦部兩邊的半球。一般而言，我們所見到的物體成像，不可能只進入某一邊的半球中。

基於這個理由，若要觀察右腦與左腦個別的運作，就必須在實驗中動用一些巧思。首先，必須請接受全胼胝體切開術的患者參加實驗，並讓患者專注凝視眼前螢幕的中央（注視點，圖4-1上方中央處）。注視點的右側稱作右視野，左側稱作左視野。如果當物體或單詞在瞬間（約〇．一秒）出現於右視野時，它們就只會進入左腦（自兩眼進入腦部的實線）。相反，如果當物體或單詞在瞬間出現於左視野時，它們就只會進入右腦（自兩眼進入腦部的虛線）。至於為什麼只能瞬間出現，因為如果出現時間超過〇．二秒，我們會想要看清楚而自注視點移開視線。也就是說，由於患者所注視的點會移動至左邊或右邊，因此出現於右視野的物體就會進入左視野，或是出現於左視野的物體就會進入右視野。

研究人員進一步詢問接受實驗的患者，出現於瞬間的物體或單詞究竟是什麼，結果發現，當單詞進入左腦時能更迅速正確地作答。另一方面，複雜圖形、繪畫或臉孔照片，則是在進入右腦時的作答速度稍快一些。這項結果也成了左腦掌管語言、右腦掌管視覺空間認知與感性的根據。然而，在大多案例中左腦擅長語言的結果相對明顯，但右腦的結果就沒有那麼明確了。要留意的是，以上的結果是來自左腦與右腦被切離的患者身上。

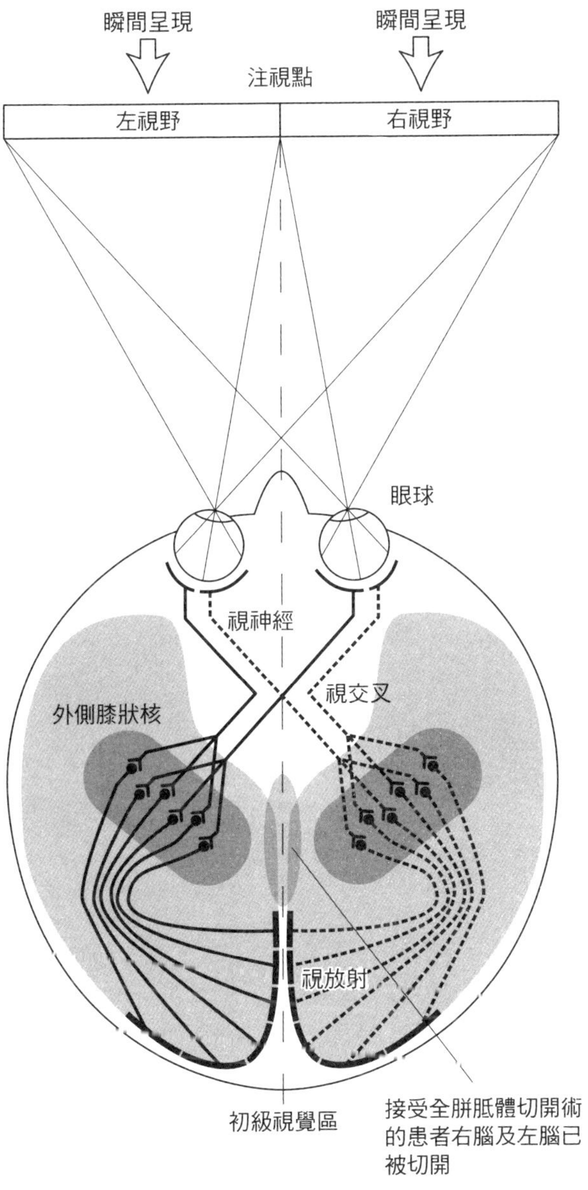

圖 4-1 研究接受全胼胝體切開術患者的左右半球功能差異的方法。圖中眼球與腦部的連接方式與一般人相同。

沒被切割的腦部運作

研究者想知道的是，在正常情況下，我們的左腦與右腦究竟是如何運作的。如果沒有接受全胼胝體切開術，那麼左腦與右腦會透過由三億條軸突所構成的胼胝體相連，而且一同運作。就算只針對右方視野或左方視野進行瞬間的刺激（日常中不太可能發生），進入左腦的刺激仍然會立即抵達右腦，進入右腦的刺激也會立即抵達左腦。此外，通常我們的視線並不會停留於一處，一秒內就會朝上下左右移動好幾次。基於這個理由，我們的注視點也時常在移動，無時無刻會不停切換右視野與左視野，讓我們的所見事物都毫不間斷地輸入至左腦與右腦。

我們也透過腦波與fMRI的測量記錄，證實腦部無論左腦或右腦，都會無時無刻接受相同的輸入，並以相同的形式運作，幾乎完全同步。很顯然地，只讓左腦或右腦中的某一方運作，或是試圖鍛鍊某一邊的想法，確實是天方夜譚。

不過，就語言方面，我們可以從腦部損傷而造成的語言障礙（失語症），以及fMRI觀察平時腦部活動的結果得知，語言和左腦確實具有關聯。另一方面，雖然有報告指出，右半球受損的人，視覺空間或臉孔認知能力也跟著受損，但這樣的結果因人而異。由此可見，只有語言和左腦具有特別緊密的關係是特例。但即便如此，當我們在理解語言或說話的時候，也不可能只有左腦在運作，而是兩個半球都在活動，而右腦也必然會參與其中。例如有報告顯示，右腦受損會導致患者變得無法理解文章的深層意思（涵義）。

另外，語言功能位於左腦的人中，右撇子比例高達九七%，左撇子只有七〇%，其他三〇%左撇子的語言功能則是位於右腦或兩半球之中。除此之外，也有案例顯示，在八歲時切除整個左半球、只剩下右半球的孩童，在一年後依然能正常掌握語言功能。由此可見，語言和左腦的關係並非僵固不變，兩者顯然沒有絕對的關係。

個人差異大於男女差異（反駁男性腦與女性腦神話）

我們的社會存在各種價值觀、想法及意見，這種個人的多樣性，正意味著社會能健全運作，並具備解決意外的能力。但是，人們也往往無法接受這種個人的多樣性，而傾向將個人所抱持的價值觀或想法，理解為特定群體的屬性。像是將某個人貼上昭和時代出生、京都人、老么的標籤等。另外，將任何事情都歸因於性別，即人與人之間的不同都是因為性別差異，更是從古至今都根深蒂固。這樣的想法不但無視多樣性的存在，還會衍生出極為嚴重的問題。由於這樣的論調不僅指出男性與女性不一樣，往往還會得出女性不如男性的結論，尤其常有男性（研究者多為男性）做出這般主張。

非常遺憾地，有許多研究者為了將歧視女性的行為正當化，把腦部差異當成「科學性的」根據加以利用。其中最具代表性的例子，就是發現和語言相關的布洛卡區而聞名的布洛卡（P. Broca）。這名活躍於一八五〇年代至一八七〇年代的腦科學家兼醫師，是個在當時歐洲並不罕見的激進歧視主義者。他將滿腔的熱血，投入於利用生物學或腦科學，證明人類的智力會因種族與性別不同而異。

雖然說是證明，但布洛卡心中早就已經做出結論，還闡述「腦部的大小是壯年大於老年、男性大於女性、傑出人士大於普通人士、優異種族大於劣等種族」。具體來說，他相信白人男性位於最頂端，而下方則依序是女性、黑人、少數民族、底層階級。然而，儘管他試圖透過顱骨的大小證明，還測量死後取出的腦部重量，甚至比較當時被視為和智力相關的前額葉大小，但進展都不順利。他得到的結果總是充滿例外，證明個人差異的影響遠比這些因素大。

順帶一提，人們在布洛卡死後測量其腦部重量，發現他的腦部並沒有特別重，而是接近所有種族、性別、階層的平均值（當然，布洛卡本人無法得知這個事實）。而布洛卡身為一名科學家的態度也有問題，當得到的資料不符合自身充滿歧視的信念時，他會主張該方法或尺度是錯的；如果資料合乎其信念，就算他是採取同一種方法或尺度，仍會主張它是正確的。

布洛卡還會恣意解釋得到的資料，他曾對女性腦部做出如下敘述：「我們應該懷疑：女性的腦之所以較小，全然是因為其身體嬌小嗎？（中略）然而，我們不能忘記女性的智力在平均上稍微低於男性。（中略）有鑑於此，我們足以相信女性的腦之所以較小，部分理由是基於其身體較為弱小，另一部分理由則是基於其智力較差。」

布洛卡學派的研究者中，還有更露骨的歧視主義者，有人就主張女性的腦接近大猩猩，就算是優秀的女性，也不過是擁有兩個頭的大猩猩，純屬可完全無視的例外。

布洛卡的亡靈

了解這些歷史後不禁令人驚訝，當時（其實也不過一百五十年前）以腦部研究活躍的人，居然如此專斷獨行、充滿偏見又不科學。但是相似的事情，也就是試圖透過腦部來證明女性不如男性的情形，十九世紀後依然不間斷地由眾多男性研究者持續進行下去。就連到了現代，還是有人會使用和布洛卡相同的邏輯。也就是將「大」和「功能傑出」畫上等號，主張「大就是好」、「大勝於小」。現在我們不僅能測量顱骨與死後的腦部，還能運用ＭＲＩ來進行細部的測量記錄。ＭＲＩ雖然無法像先前介紹的fMRI同時觀察腦部形態及血流，不過能針對形態進行詳細觀察，除了腦部外亦廣泛應用於其他領域中。

例如，根據過去哈佛大學醫學院進行的ＭＲＩ測量顯示，與高階功能相關的前額葉是女性較大，而與空間認知相關的頂葉及與控制情緒相關的杏仁核則是男性較大。研究者由此做出腦部運作必定存在著男女差異，女性具有較出色的高階認知功能，而男性則是更善於進行空間認知與情緒控制。這乍看之下和歧視女性沒有關聯，但也造就了「女性就算聰明，仍然是路痴，而且情緒不穩定」這個刻板印象。

我們能基於四個理由，指出這個結論本身是錯的。首先，第一個理由（以下會有更詳細的說明），光靠「前額葉＝高階功能」、「頂葉＝空間認知」、「杏仁核＝情緒控制」這種讓特定腦區和特定功能相對應的做法，實在是過於簡單而缺乏可靠性。我們很清楚無論是前額葉、頂葉或杏仁核，都同時具有其他各種功能。

第二個理由，關於哪個腦區存在性別差異，經常會依研究的不同而異，而這其中包含肯定的結論和否定的結論。例如，有一項知名的研究指出，連接左右大腦半球的胼胝體是女性較粗，但這是基於極為少數的人（男性九名、女性五名）的資料得到的結論，不僅缺乏可靠性，而且有許多其他研究都否定了這項結果。

第三個理由，就算某個腦區較大，也不代表和該部位相關的功能就一定比較出眾。要不然，這樣的邏輯就會和認為腦越大其功能越發達（也就是能力越高）的布洛卡別無二致了。像是先前的腦積水案例證明，腦部無論是整體或只有一部分的大小，都不一定會與它的功能相對應。確實，一個知名研究結果顯示，記住複雜道路的倫敦計程車司機，因空間記憶出眾而具有較大的海馬迴。但這個研究只是表明，工作年資長的司機海馬迴比較大，並不代表原本海馬迴就比較大的人空間記憶一定出色。

第四個理由非常重要，那就是即使男性和女性群體的平均值存在差異，但在大多數情形下，這種差異幾乎都是微乎其微，反而是男女之間重疊的部分還比較多。換句話說，透過將男女分成兩個群體而得到的微妙差異，根本不可能套用在每一個人身上，相比之下，不適用的情況還比較多。因此，這些結果並無法用來理解每一個人的特性。

在過去三十年間，有近六千篇論文在比較男女之間不同腦區的體積，提供數百個腦區具有性別差異的報告。另外，還有報告指出就連神經傳遞物質、神經元的結構或受體的密度，都具有性別差異。但是，這些都只是整體平均值的些微差距，在多數情況下男女都是重疊的。

舉例來說，雖然有研究結果顯示，女性腦部的灰質較多，但這只是平均值上的些微差異，就每個個別的腦而言，則是無論男性或女性，都同時混雜著灰質多的部位與灰質少的部位。圖4-2是顯示出該傾向的案例結果，圖中左側是女性，右側是男性，兩邊都各有一百一十二人的資料。橫向的列是調查每個人一百一十六個腦區部位得到的資料，灰質多於平均值越多的地方就會用越濃的顏色表示。確實整體看來，女性那側顏色濃的部分較多，但當觀察

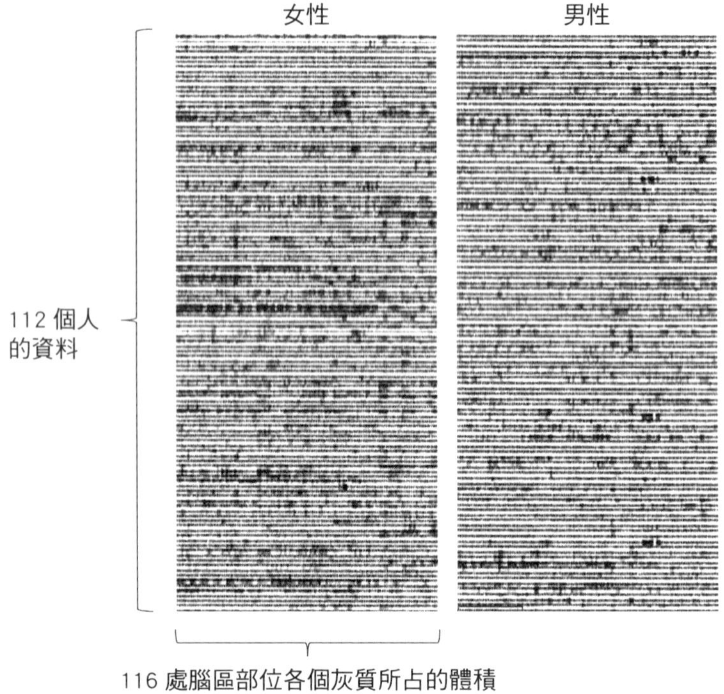

圖4-2 從112名女性與112名男性得到的灰質體積。橫軸是116個腦區部位的體積，顏色越濃代表越大於平均值（改編自《ジェンダーと 》）

每個人的資料（橫條）時，就能得知顏色濃與顏色淡的部分總會交錯分布，極為多樣。另外，也有很多研究會運用fMRI，測量記錄並比較男性與女性的腦部，在執行各種任務時的活動情形，並指出語言處理和臉孔辨識等許多功能都具有性別差異。但是這些腦功能造影的結果，往往會依研究者的不同而產生相當大的差異，幾乎無法找到可靠、結論一致的性別差異。更何況，腦部的結構與功能會依環境或經驗的不同而產生變化，因此究竟是以男性或女性身分成長發展，自然也會造成不同的影響，顯然不是單憑生物學上的性別差異來決定的。

由上述可知，試圖透過性別來區分大腦，也就是將腦二分為男性腦與女性腦，不但不可能，也毫無意義。確實，腦或許在許多細節中存在著女性特徵或男性特徵。但是如同圖4-2顯示，每個人的腦都是將這類特徵混合而成的獨一無二的馬賽克拼貼，而且還會隨著環境與經驗持續變化。

大腦總是無時無刻在進行整體活動（反駁大腦只開發一〇%神話）

腦被運用到的部分只有一〇%的迷思也是非常根深蒂固。這個數字有時會是五%，有時是二〇%，這項神話說穿了就是想表達，腦部還有很多沒使用到的部分。有一些潛能開發講座甚至會以此為據，打著「開發尚未使用到的腦部潛力」為宣傳口號。這個迷思早在二十世紀初期就已存在，稱其為大腦迷思的經典也不為過。雖然科學家已多次駁斥，然而根據在巴西進行的調查，大約有一半的大學畢業生仍相信這個說法。

一般推測這項迷思的根據，大概是來自於腦科學研究中所發現的靜區（silent area）。二十世紀初的腦科學研究主流，是破壞動物某部分的腦或針對該處進行電刺激，觀察由此而產生的行動變化。研究者發現，在大腦皮質中有許多區域就算受到破壞或刺激，也不會讓行動產生任何變化。而他們對此做出的解釋，就是這些區域平時並沒有在做任何事，因此將它們稱作靜區。在此之後，雖然研究者開始得以記錄神經元放電，但就算對動物施以視覺刺激或聽覺刺激，或是讓牠們從事多種運動，也只有視覺區、聽覺區、運動區的部分神經元有在放電。因此研究者將此解釋為腦部大多數的神經元都沒被使用。

但是，現在我們已經知道，那些被稱作靜區的大腦皮質部位，幾乎都是具有高階功能的聯合區，只要讓動物進行特別的任務，就能清楚觀察到破壞或刺激該區域所帶來的效果。另外，我們也得知，還有其他刺激或運動，能讓那些過去被認為沒在活動的神經元放電。如此一來，我們就能完全否定「腦部具有許多尚未使用的部分」的迷思了。

復甦於現代的迷思

但是，現在這個迷思又因新的研究而重新復甦，再次以訛傳訛。而這項新的研究方法，正是先前已多次介紹的，以fMRI等技術測量人腦的活動。

當閱讀那些運用腦功能造影的研究成果論文或書籍時，幾乎都會看到類似圖4-3 a的圖（通常是彩色）。此圖是記錄並測量人類腦部活動（血流增加情形）所得到的結果，由上而下分別是觀看文章時、閱讀文章時，以及朗讀文章時的腦部活動。一般人看到這類資料時，八成會認為腦部活動會依我們所做的事情而產生變化，各個情況下都只有一小部分在活動吧。而顏色較暗的部分，被解讀為靜區。

但是，其實這類型的圖全都經過加工，並非實際記錄測量到的資料。這在所有論文或書籍中都很常見。研究實際記錄測量到的資料其實是圖4-3b。最上方的圖是觀看一個小圓點時的腦部活動，而接下來的圖則是與a在同一時間下出現的腦部活動。從這些圖可以清楚看出，腦一直是整體都在活動，而且就算是從事不同的行為，腦部整體的活動幾乎沒有什麼變化。

然而，其實當我們在從事某件事時，腦部活動的確有產生一些微妙的變化。為了找出這些變化，研究者會將圖片相減。只要用觀看文章時實際的腦部活動（b的第二張圖），減去觀看一個小圓點時實際的腦部活動（b的第一張圖），剩下來的就會是觀看文章時增加的腦部活動。而a的第一張圖就是為了清楚呈現該部分，刻意調亮強調所得到的結果。同樣地，用閱讀文章時實際的腦部活動（b的第三張圖），減去觀看文章時實際的腦部活動（b的第二張圖）得到的結果，以及用朗讀文章時實際的腦部活動（b的第四張圖），減去閱讀文章時實際的腦部活動（b的第三張圖），得到的結果則分別是a的第二張及第三張圖。換句話說，a的圖是刻意強調圖片相減的加工圖像，絕對不是代表腦部如此運作。而且和原先狀態

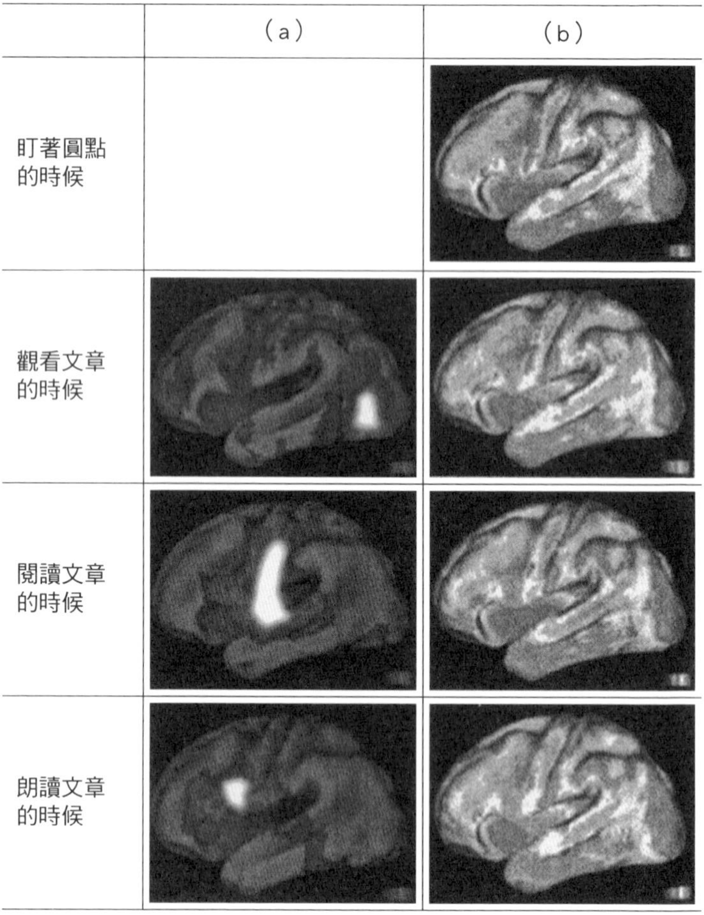

圖4-3 腦功能造影所呈現的圖（a），以及實際測量得到的資料（b）（根據Raichle, 2010作圖）

相比，呈現於該處活動的增加程度，在多數情形中只是血流量增加幾個百分比而已。也就是說，這些圖片並不代表只有該部位奮力運作，僅是意味它相較於周邊區域，活動程度些微上升一點點而已。

這種腦功能造影的方法沒有蒙混或造假之虞，在所有研究中都被使用，研究者對此也非常清楚。然而，通常一般人並不會如此深入地理解這些方法，因此很容易誤解為只有一部分的腦有在活動。

腦無論是在睡眠或清醒時，都片刻不停地進行整體的活動。雖然在從事某件事時，會有局部活動產生改變，但從整體的活動量看來，該變化可說是微乎其微，其代表的意義更是建立於整體活動的前提上。

2 研究者的責任

雖然有些大腦迷思，就像「三歲兒神話」（腦部功能在三歲時就幾乎已發展完全）一樣，是由和研究毫無關係的知名人士提倡而廣為流傳，但在大多數情形中，它們都或多或少和腦科學的研究成果有關。也就是說，對於迷思的誕生和傳播，研究者絕對不能置身事外。捏造或竄改資料必定是大忌，不過即便是從正經的研究得到的成果，若是為了好懂而刻意以簡化或誇張的形式公開發表，一樣有可能會散播錯誤的資訊。另外，也有研究會用極度不充分的資料做出大膽的結論，用斷定事實般的口吻描述僅止於推測或假說的觀點並流傳出去。其背後原因雖與總是需要做出簡單易懂解釋的大眾媒體有關，但對此做出迎合，並讓迷思廣為流傳的研究者也必須承擔重大責任。

血流增加的錯誤解釋

只要理解圖4-3的正確資料判讀方式，能測量活生生人類腦部活動的腦功能造影，就是一個極具意義且有吸引力的研究方法。拜此之賜，世界各地都進行著，透過比較人類執行各種任務時的腦功能造影，來觀察與語言、認知、記憶、情感等相關腦部活動的研究，為我們帶來許多洞見。

我在大學授課談到神經元放電或突觸的訊號傳遞時，除了對腦抱持特別興趣的學生外，大多數人都反應冷清。但當提及腦功能造影的內容時，由於研究對象是人類，還有亮眼又易懂的資料（圖片），因此不論是文科或理科的多數學生都抬起頭聽課。然而，教師必須慎重解釋圖片呈現的活動量（血流）增加所代表的意思，這點對研究者而言也是一樣。

一般來說，只要某個部位的血流開始增加，就會被解釋為該部位運作得更旺盛。例如當執行記住他人臉孔的任務時，若是顳葉的血流增加，就會被解釋成記憶臉部時顳葉會運作，而記憶也就是在那邊形成的。就這樣，運作這件事本身就會被解釋為「一件好事」。這就跟勤奮工作的人得到高度評價別無二致。

這種「血流量增加＝腦部勤奮工作＝好事」的典型案例，就是曾風靡於日本、甚至還在全世界造成流行的「腦鍛鍊」（脳トレ）電腦遊戲及其習題。「腦鍛鍊」所依據的研究顯示，只要反覆進行單純的計算，或依照筆劃描寫漢字、將漢字念出聲音，就能讓被認為和高階功能相關的前額葉血流量範圍增加。研究者根據這個結果，做出「腦鍛鍊」能防止腦部衰退或提升腦部功能的結論，並介紹失智症實際得到改善的患者案例。就這樣，「腦鍛鍊」電腦遊戲在全世界暢銷三千萬套以上，就連發行成為系列作的習題也在日本國內暢銷數百萬本，至今依然持續出版。

但是，根據在國外實施的大規模調查顯示，高齡人士就算反覆進行「腦鍛鍊」，也沒有任何事實能證明其認知或記憶功能得到改善，更沒有預防失智症的效果。不過從事「腦鍛鍊」會讓前額葉血流量增加是無庸置疑的事實，因此我們可藉此得知，腦部血流量的增加（也就是神經群活動量的增加），並不一定能導引至功能的提升。

功能提升時血流量會減少

腦的功能上升時血流量反而會下降，更精確地說，是血流增加的範圍會變得狹窄。當我們開始能辦到一件過去無法達成或不擅長的事情時，也就是讓和這件事相關的腦部功能上升時，原本在腦部廣泛區域增加的血流，會逐漸只在狹窄範圍內增加。

例如，有一項研究測量了正在學習操作肌電義手時的腦部活動。這種人工義肢裝置是讓失去肩膀以下或手肘以下部位的人，利用殘存的肩部或肘部肌肉所發出的電訊號（肌電訊號），讓義手能取代手臂或手指活動的系統。根據橫井浩史教授（電氣通信大學）的實驗顯示，在剛開始裝戴肌電義手時，患者幾乎無法隨心所欲地活動義手，用fMRI記錄測量該時間點的腦部血流量，會發現不光是運動區，就連整個腦部的血流量都增加了。但是，在經過數週學習操作方法，直到能隨心所欲地活動義手時，腦部血流量增加的範圍就會變得極為狹窄，只剩下以運動區為主的一小部分。

此外，根據酒井邦嘉教授（東京大學）的實驗，當不擅長英語的學生試圖說英語時，和語言相關的左半球的廣泛區域會出現血流增加的現象。然而，認真學習且能流暢運用英語的學生，其血流增加則只限於一般認為和處理文法有關的前額葉狹窄部分。

腦部血流增加意味著神經群放電增加。也因此，血流增加的範圍變窄，就代表某項功能隨著學習而有所提升，僅需要更少的神經群放電就能實現該功能，這的確有道理。正如同第一章所述，神經群會透過學習而更能同步放電，只要該項同步放電的精準度變得更高（亦即只要該項同步放電能在更準確的時機產生），就只需要由更少的神經元放電即能更確實地將訊號傳遞出去。這項機制可能與隨著腦部功能提升，血流增加的範圍逐漸變狹窄的現象有關。當論及用fMRI測量腦部血流量時，我們必須充分留意，研究者對血流增加代表的意義所做出的解釋，並不一定是正確的。

對社會問題妄加論斷

當社會上有什麼問題發生時，經常會有所謂的專家或有識之士登上大眾媒體，針對其原因或解決方法進行解說。例如，在二〇〇〇年前後，中小學的校園暴力曾演變成非常嚴重的問題（校園暴力也包含教師施暴，現在仍然沒有止息）。當時有腦科學家現身於報紙或電視等大眾媒體，解說背後原因和應對方法。其中出現最頻繁並傳遍日本的說法，即是沉迷於電玩孩子的腦部變成了所謂的「電玩腦」（ゲーム脳）。或許不少人對此記憶猶新，簡單說明，這項理論就是主張若是每天都打電玩數個小時，就會讓前額葉功能下降。這就類似失智症會造成注意力散漫、衝動性增高，因此變得暴力。

但是，這個說法所引用的資料根本就沒有刊登於腦科學的主要期刊，也沒有任何跡象顯示打電玩時產生的腦波變化和失智症一樣。更何況，失智症究竟會不會造成衝動以及增加暴力傾向，也尚未定調。電玩腦理論可說是錯誤百出，在當時就遭到其他研究者與精神科醫師的批判。儘管如此，無論是什麼問題，一般人永遠喜歡追求淺顯易懂的原因。面對校園暴力的棘手問題，這個一口咬定原因就是電玩並偽裝成腦科學的理論，轉眼間就傳遍日本全國，特別受到學校相關人士與監護人的歡迎，甚至還有教育委員會為此主辦演講。電玩腦被大眾媒體報導得如火如荼，並蔓延至校園暴力外的各種問題，只要發生暴力犯罪事件，就會有媒體報導犯人有可能具有電玩腦。

我記得連在二〇〇五年造成一〇七名乘客死亡的ＪＲ福知山線出軌事故，就有新聞標題指出司機具有電玩腦。當然，現在這項理論已經完全遭到否定，電玩既不會造成前額葉功能低落，也不會讓人變暴力。

食物不會直接作用於腦部

也有很多試圖將暴力或犯罪等問題，和缺乏特定營養素扯上關係的解說。本書已在第一章詳述，經由突觸的神經元間訊號傳遞，有鈉離子、鉀離子、鈣離子、谷氨酸、γ－胺基丁酸、多巴胺等眾多物質參與其中，發揮作用。其中包括一些大家耳熟能詳的食物營養素成分，因此有人主張如果沒有在飲食中攝取足夠的量，就會導致腦部失常。

最常被提及的營養素就是鈣。大約在十五年前，有位醫師在電視節目中指出，腦部的訊號傳遞需要鈣，而現代的兒童就是因為缺乏鈣才會總是焦躁不安。正確來說，前半段的敘述提到突觸進行訊號傳遞時所需的物質並非鈣而是鈣離子，不過也算是雖不中亦不遠矣，但是後半段就不知所云了。突觸缺乏鈣離子確實會讓訊號傳遞變困難，但我們根本不清楚這會不會讓人焦躁不安。

更何況，就算食用某種營養素，它也不可能直接抵達腦部並發揮作用。食物中的成分確實會進入血液中，也會藉此搬運至腦部，但血管壁和神經元之間有著膠細胞中的星形膠細胞，只有穿過該處的物質才有辦法從血液抵達神經元（血腦屏障）。能通過這個屏障的物質，就只限於氧氣、激素、葡萄糖、胺基酸等而已，大多數透過食物或大氣而進入血液中的物質，幾乎都會被攔截，無法直接影響腦部。這是保護腦部的重要防禦機制（但是酒精或特殊藥物能通過）。當然，適度攝取像鈣之類的營養素，對維持健康是不可或缺，它也會藉由複雜的機制對身體或腦部帶來影響。但是，就算攝取再多牛乳或魚類，它們也不會全部都直接進入血液中，更不會自血液直接抵達腦部。當然，腦中的鈣離子也不曾因而增加，並改善突觸的訊號傳遞。就連那些標榜對腦有益的食物與營養補充劑，也同樣離不開這個事實。

該名醫師還進一步主張，由於孩子攝取過多糖分，結果導致體內大量分泌胰島素，讓大腦皮質功能下降，進而造成情緒不穩定。這項主張的後半段也是不知所云。無論是胰島素讓大腦皮質功能下降的說法，或是大腦皮質功能低落會讓情緒不穩的說法，都是無憑無據。

那些提出淺顯易懂的單一原因，並闡述能立即見效的解決方法的專家，恐怕今後也會不斷出現在大眾媒體上吧。這是因為大眾媒體總是會尋求能用容易理解的說法「斷言一切」的專家。但是，和腦相關的問題多半有著複雜的原因，解決方法也不單純。而這個理由正是本書接下來要談論的話題，那就是我們仍對腦一無所知。

3 大腦的真相正逐步被揭開？

很多人都誤以為腦的運作已經充分得到解答。確實，在二十世紀末左右，腦研究者一直反覆強調「腦科學正急速進步」、「腦的謎團正不斷被解開」。事實上，和腦有關的資訊量的確以加速度的方式大量累積。但是，正如同所謂理解心臟，就意味著解開它在體內跳動並運作之謎；所謂理解身體運作，就意味著解開活動中的骨骼與肌肉之謎；所謂的理解腦部，就是要解開「活生生且正在活動的腦」的謎團。很遺憾地，如同第三章所述，現在我們對於這個活生生且正在運作的腦依然陌生，甚至連神經元和突觸的運作原理都尚未充分釐清。腦仍然是個棘手而未知的研究對象。

只要相關的論文數增加就代表更理解大腦？

根據愛思唯爾（Elsevier）這個世界級出版社在二〇一四年進行的調查，每年共有三十萬篇以上（一天八百篇以上）的腦科學論文出版。現在這個數字應該還在持續增加中吧。所謂的論文，就是或多或少具有新發現的報告，因此光是看這個數量，會認為我們對腦的認識正不斷加深。但是放眼望去，通常我們看到的論文內容，絕大多數都是關於腦內物質的分子生物學研究。這是因為在這半世紀中，分子生物學有著急速進展。看到現在高中所使用的生物教科書（特別是生物II*），與我高中時期（已經過了半世紀以上）相比，其厚度實在令人吃驚，而增加的內容幾乎都是分子生物學。這也對腦的研究帶來大幅影響，和腦有關的物質方面的資訊，確實變得非常龐大。

* 日本高中生物課綱，聚焦於生物的分子機制與生物多樣性。

但是，我們對最關鍵的且正在活動的腦的運作原理，甚至對腦部每天進行的活動卻都幾乎無法解釋。比方說，當我們去上班時走出電車車站，看到便利商店近在眼前，由於還有一些時間，就決定順道進去購買今天要吃的零食（就是發揮認知外在世界，判斷狀況，並選擇恰當的行動這項基本功能），此時腦部究竟是如何活動的呢？就算想得知腦部血流量的變化，也不可能利用fMRI這項需要將頭部放進大型裝置的方法來測量，更遑論是為了釐清神經迴路層級的活動，而在通勤途中將電極插入大腦來進行實驗了。就算可以運用簡單的行動任務來做動物實驗，也無法有任何結論，因為動物根本不會去上班。

另外，放眼於腦部治療這項腦科學最為重要的應用，難道我們已經知道，讓眾多病患受苦的精神疾病與失智症的成因與治療方式了嗎？現在全世界約有近五千萬名阿茲海默症患者，預估到了二〇五〇年會增加三倍，因此阿茲海默症已經在全世界成為腦科學的研究重點。而運用分子生物學方法進行的物質層面的研究也進展神速，早在三十年前，研究者就已經確認，堆積於患者腦內的β－類澱粉蛋白（β-amyloid）是這個疾病的關鍵，世界各地的研究者都嘗試找出它的堆積原因與去除方法。但是，在許多情形下β－類澱粉蛋白會在阿茲海默症發作的數年前就開始堆積，有些人即使堆積了β－類澱粉蛋白也可能不會發病，而有些人即使沒有堆積卻發病了。而且，去除β－類澱粉蛋白的治療藥，也往往因為沒有效果而以失敗告終。現在依然沒有任何藥有效治療或預防阿茲海默症，頂多是一時性地緩和症狀，或是讓病情進展延遲數個月左右而已。

其他精神疾病也一樣，例如占全人口一%的思覺失調症，以及占全人口六%的憂鬱症。雖然針對這些疾病所開發的藥物數量遠遠超越阿茲海默症，也有些已顯示出療效，但沒有稱得上確實有效的治療藥或預防藥。在大多數情況中，我們還是必須搭配作用機轉不同的各種藥物一併投藥，一邊觀察病患情況一邊增減劑量或變更種類，還要留意藥物依賴的風險，進而舒緩症狀或延遲病情的進展。

觀看「The Brain」電視節目

我在大學進行腦科學入門授課時，經常讓學生觀看《The Brain——不為人知的腦部世界》（ザ・ブレイン——知られざる脳の世界）電視節目片段。這個跨國共同製作（美國、英國、以色列、日本及其他國家）的節目，在八集中旁徵博引地介紹腦科學的廣泛面向，還有許多珍貴的實驗場面與臨床事例。該節目既沒有藝人登場，也沒有額外的多餘演出，詳盡介紹了現在已經無法在電視上播放的動物實驗，可說是非常優質的科學節目。節目內容將重點聚焦於實驗影像及研究者訪談，雖然幾乎沒有使用現在科學節目必備的電腦繪圖，但這是在一九八五年製作的節目，也是無可厚非。當時正好是錄影機普及於一般家庭的時候，我在那時用第一筆領到的獎金購入一台，順利錄下節目。

令人吃驚的是，這個在一九八五年製作的節目，現在依然是派得上用場的教材。節目出現的實驗機器非常古老，使用的是和玩具相差無幾的八位元個人電腦，進行解說的研究者也多已逝世。介紹「男性腦、女性腦」那一集的解說確實有點粗糙，也有因為錄影失敗而無法收看的集數，但節目中介紹的研究與解說內容，幾乎沒有因為時間的流逝而過時。

舉例來說，節目詳盡介紹從眼球進入的視覺資訊，會在抵達初級視覺區後，分頭經由通往顳葉的腹側路徑（ventral pathway）及通往頂葉的背側路徑（dorsal pathway）；以及情節記憶是在海馬迴中形成的。當時的大阪大學教授塚原仲晃博士在序章中運用貓的實驗影像，詳細說明，學習必須仰賴突觸的可塑性及透過出芽現象引起突觸的新生。節目中還解說思覺失調症（當時稱為「精神分裂症」）很有可能是腦部整體存在生化變化，發生於突觸的訊號傳遞出現異常，以及唯一的治療方法就是使用精神藥物，節目中還包括精神病房的介紹和患者的訪談。

令人意外的是，即便到了現在，我們似乎沒有發現能推翻此節目介紹的內容，或可以補充該節目的重大創新。每當讓學生觀看這個節目，都不禁深刻體認到，若要理解腦的真實樣貌，就必須認真檢驗過往以來的問題意識及方法論，並抱持全新的想法及態度進行研究。

將大猩猩的生態比喻成大腦運作結構

那麼，過往以來的腦科學到底是出了什麼問題呢？問題很可能在於，我們試圖以各項主要因素皆是獨立運作的靜態機械式結構體思維，來理解腦這個透過多項要素的相互作用而組成的動態結構體。我們不該假定神經元、神經傳遞物質、基因等這類個別要素都分別負責執行特定功能，也不應試圖從特定部位與特定功能之間尋找一對一的對應關係。確實，要研究由眾多要素進行相互作用、同時反覆持續變化的結構體，並釐清它的運作方式並不容易，我們必須從研究的方法論開始找起。然而即便如此，並不代表可以將腦看作是一種靜態結構，且把它的運作方式想得過於單純。

舉例來說，假設想要了解棲息於非洲森林深處的大猩猩生態。為了達到這個目的，我們需要詳細調查當地究竟棲息著什麼樣的大猩猩、組成什麼樣的群體、如何在生活中行動與交流。但是，要對棲息於廣闊森林中的每一隻個體進行調查非常困難，幾乎不可能。或許我們可以在空中朝整個森林噴灑麻醉藥，讓所有大猩猩陷入昏睡動彈不得；又或者，可以將所有大猩猩追趕至空無一物的房間並困住牠們。這麼一來，就能從容不迫地花時間詳細調查所有個體，但不用說也知道，這麼做根本不可能了解大猩猩的生態。

所以，如果將這些大猩猩想成是神經元，並將該大猩猩群體想成是腦，我們過去的腦科學或許就是採取這樣的方法論。要是覺得大猩猩和腦中的神經元數量差距實在太大，那麼也可以想成是空中的蜜蜂、地底的螞蟻、海中的浮游生物，意思也一樣。為了方便研究，科學家可能扭曲了觀察對象的自然狀態，也讓腦失去了原本最真實的樣貌。

因未控制變量而獲得諾貝爾獎

確實，為了能更準確地觀察研究對象，並從中找出重要因素，有時我們不得不在研究中進行操作。因此，在實驗中需要設立「控制條件」並進行比較，以事先排除多餘的因素，或者逐一探討每一項因素。例如，假設早餐一定會喝味噌湯的人比較長壽（實際上是否如此還是未知），但是，我們無法光憑這點就立刻做出「喝味噌湯能延年益壽」的結論。因為早餐喝味噌湯的人，大多會配米飯，平時就喜歡吃和食的可能性也較高。基於這個理由，為了排除米飯或和食這些因素，我們就得調查每天早餐吃麵包配味噌湯的情形、只喝味噌湯的情形、只喝水的情形等。當然，透過這樣的控制條件進行研究是必要的，但是很明顯地，這些方式就吃早餐而言是人為的且非常不自然。如果食用味噌湯、米飯或和食的搭配組合才會使人長壽，那麼在一開始就分別控制每個變量，以控制變量作為前提進行研究，是不可能知道真相的。因為可能會忽略了最重要的「多因素交互作用」。

實際上，相同的事例也發生於腦科學的歷史中。不過這並不是在觀察喝味噌湯時的腦部活動，而是二〇一四年獲得諾貝爾生理醫學獎的約翰．歐基夫（J. O'Keefe）發現位置細胞（place cell）。我們曾在專欄3稍微提及位置細胞，而其發現的背景可追溯至一九七〇年代初期。當時，歐基夫在記錄自由穿梭於廣場或迷宮中的大鼠海馬迴神經元活動時，發現每當大鼠抵達特定位置時，就會有固定的神經元開始放電。而且，不同的神經元對應不同的位置。例如，某一個神經元總會在位於廣場西北角落時放電，另一個神經元則總會在位於廣場正中央時放電。而接下來正是歐基夫的非凡之處了。他從這個不可思議的現象，推測大鼠的海馬迴或許能建構出辨認位置的地圖（認知地圖）。

這並非單純的靈光一現，而是歐基夫從心理學家托爾曼（E. C. Tolman）的研究中得到的啟發。托爾曼透過行動實驗顯示大鼠能夠記住空間中的位置，這並不是記憶路徑，而是以位置的概念認知實際的位置，他解釋這是大鼠會形成認知地圖而呈現出來的結果。至於歐基夫則是透過神經元活動，證明這個認知地圖的確實際存在於海馬迴中。他在一九七八年發表研究論文的同時出版*Hippocampus as a Cognitive Map*一書，在全世界引起許多迴響。這本書的第

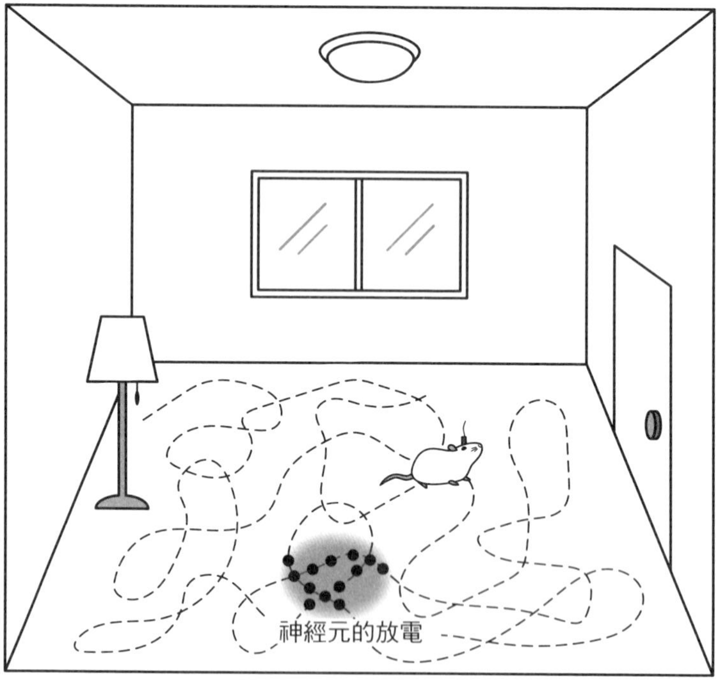

圖4-4　在沒有任何控制的室內自由穿梭的大鼠身上發現的位置細胞。點的群集代表海馬迴中一個神經元的放電。

一頁寫著對托爾曼的謝辭。當時的我仍是研究生，在見到自己所攻讀的心理學假說，逐漸以腦部活動的形式得到實證，深受感動，至今仍印象鮮明。

但是，歐基夫在訪談中提到，最初有許多人對位置細胞提出「實驗條件未被充分控制」的批判。確實，實驗室中存在著照明、窗戶、門等物體，對自由穿梭於其中的大鼠而言，除了視覺訊息外，還有聽覺、軀體感覺（觸覺）等多種感官訊息混入（圖4-4）。更何況大鼠能自由活動，所以根本無法弄清究竟是哪一項因素引起位置細胞放電。

此外，當時僅因從正在行動的動物身上記錄神經元放電，就會遭到批判（我也經歷過），因為從被麻醉的動物身上進行記錄才是主流。然而，在麻醉狀態下很明顯是無法發現位置細胞，而且由於位置的辨識是需要透過統合各種感官輸入與運動輸出才得以形成，那麼控制這些刺激輸入與運動輸出顯然會大幅扭曲這項功能。事實上，自從歐基夫發表這項發現以來，已有很多研究報告指出，一旦限制了感官輸入與運動輸出時，就觀察不到位置細胞放電的現象了。

控制並非優先於一切的重要事項，若要了解腦部，有時刻意不做控制也是必要的。這是因為我們的腦，**是在沒有進行任何控制的複雜現實世界中運作，而且它也是基於這種運作方式而進化至今的。**

4 解開大腦奧祕是個棘手的難題

理解腦部意味著理解心智，同時也相當於理解心理疾病，若可能的話，我們都希望它很好懂。基於這個理由，在腦科學領域，長期以來占主導地位的觀點是功能側化論

（lateralization），即大腦被認為通過細分部位來分擔不同職責，或某些功能是由某個腦區區域負責。關於個別的神經元也是一樣，就算到了今日，認為各個神經元分別具有特定功能的想法依舊是多數。除此之外，認為特定基因或神經傳遞物質和腦部特定功能與疾病相關的基因決定論或神經傳遞物質決定論，也仍然根深蒂固。

但是我們已經逐漸從過去的研究與現代的發現得知，腦根本沒那麼容易理解，它的構造一點也不簡單。相反的，它呈現出一種極其複雜又令人驚奇不已（amazing）的面目了。

大腦不只是分擔功能的集合體

記得在二〇一〇年左右，很榮幸我獲得了審查革新技術開發提案的機會。這是集結了來自大學、企業、各大行政省廳的大型集會，而當時的其中一項研究提案是「模仿腦部卓越資訊處理能力的大規模計算機系統」。還記得，原本對「腦部卓越資訊處理能力」的主題感到興趣盎然，想不到一聽之下，發現它指的是「大腦各個部位所扮演的角色」，不禁大感失望。部位分工是早就落實於人類社會中的系統，無論是大學、企業或各大行政省廳，都具有扮演不同角色的部署，彼此分工作業。而認為腦部是因為能辦到這一點而具有卓越資訊處理能力的想法，實在是過於單純膚淺。但對於出席者而言，這樣的說明似乎才最淺顯易懂。腦真的是用這麼淺顯易懂的形式運作的嗎？難道腦只是由具特定功能的部位集結而成的鑲嵌拼貼嗎？

閱讀和腦有關的教科書時，的確會看到某項功能是由某個腦區所負責。像是運動是由運動區負責、視覺是由視覺區負責，從感官、運動、記憶等基本功能乃至於統合、判斷等高階功能，幾乎所有功能都分別由腦的特定部位所負責，這種觀點就是功能側化論。而將具有不同功能的部位或區域描繪在腦部表面與內部的圖，就是腦部的功能地圖。只要是曾經稍微學習和腦有關知識的人，應該大多都看過這種功能地圖。但是我們已經得知，就連語言區這個最知名的功能側化部位，也就是負責發話的布洛卡區和理解語言的威尼克區，其位置都有極大的個體差異，兩區的界線也並不分明，而且它們皆和發話與語言理解有關。

至今為止，研究得最詳細、界線最明確的區域集中在視覺區和聽覺區等感覺區，但就連感覺區中的角色分工也並不固定，可能會負責不同的感官。例如，當人閉上眼睛觸摸點字閱讀文章時，視覺區便會開始活動；而當在執行「讀唇」，僅觀看對方口部動作理解其說話內容時，聽覺區就會開始活動。可見視覺區和聽覺區都不只是單純分別負責視覺刺激或聽覺刺激而已。

感覺區所扮演的角色也有可能產生根本性的改變。例如，最先接收聽覺輸入的初級聽覺區，充滿許多在聽到特定頻率或音量的聲音時會放電的神經元。另一方面，最先接收視覺輸入的初級視覺區的神經元，具有在看到特定斜率的線段時放電的特性（方位選擇性，orientation selectivity），而具有相同方位選擇性的神經元，會以縱向排列的形式組成神經群（方位選擇性柱列，orientation column）。

麻省理工大學的研究團隊曾對剛出生的雪貂（鼬屬的一種）進行改變通路的腦部外科手術，讓來自於視網膜的視覺輸入不再抵達初級視覺區，而是初級聽覺區。結果發現，初級聽覺區的神經元會如同貨真價實的初級視覺區的神經元般，變得會在向雪貂呈現特定斜率的線段時放電，而且幾乎都顯示出明確的方位選擇性，該處甚至還形成了聚集這類神經元的方位選擇性柱列。除此之外，若是對與這個被新創出來的「視覺區」相連的視網膜呈現視覺刺激，雪貂會做出和過去看到該刺激時一樣的行為。聽覺區連同其神經元的特質，就這麼完全轉變成視覺區了。

這意味著腦的任何部位都有可能具有各種功能，亦即具備著多潛能性（multipotency）。這就是當我們用指尖觸碰點字時視覺區會活動、用雙眼讀唇時聽覺區會活動的原因。

當天的腦部功能地圖，到了隔天便不再可靠

常和感覺區一同被提及的運動區，也被認為具有明確的功能側化。特別是初級運動區

是腦部最終端的輸出部位，各個神經元與身體的特定肌肉相連並進行控制。確實，像這種腦與身體的關係非常機械式且淺顯易懂，也會讓人產生模仿大腦的欲望，進而開發類似的機器人。但是，早在一百年前，就有許多研究者指出，即便反覆對猴子的初級運動區的同一點進行電刺激，會產生移動的不一定是同樣的肌肉，在不同的日子移動的肌肉往往不同。這項事實代表初級運動區的神經元與身體肌肉的連結並非固定，而是時常隨著時間與經驗有所變化。其中就有一名研究者表示「當天的腦部功能地圖，到了隔天就不再可靠了」。

近年來，透過初級運動區神經元的活動來操作機器手臂等（也就是腦機介面）的研究已經有所進展（參照專欄1），再次確認了這些神經元與肌肉的連結是隨時都有可能改變的。例如讓原本用來移動身體的初級運動區神經元，就算放電也不會讓身體產生動作，而是會讓機械運作。相反地，就算是本來沒有與肌肉相連的初級運動區神經元（非運動關聯神經元），只要利用其放電來啟動電刺激裝置，藉由電刺激帶動身體肌肉移動，它們也會逐漸能直接操控肌肉了。除此之外，還發現就連原本和運動毫不相關的頂葉聯合區神經元放電，也能像初級運動區神經元般控制機器手臂，亦即能進行運動的控制。這些結果表明，就算是初級運動區，該處神經元的功能也容易產生變動，和其他不同部位的界線也不明顯。

除了上述發現之外，還有研究表明，大鼠的視覺區具有會因應觸鬚的觸覺刺激而放電的神經元，體感覺區也具有會因應視覺刺激而放電的神經元。另外還有研究顯示，猴子的體感覺區與聽覺區的神經元會在看到臉孔等視覺刺激時放電，味覺區的神經元則會對視覺刺激或聽覺刺激產生反應並放電。

也就是說，和某項功能相關的神經元，絕非只存在於特定部位，而是廣泛分散於腦中各處。此外，同一神經元也會同時對不同的感官刺激產生反應，如會對視覺與聽覺這兩種刺激皆產生放電，甚至還有對感官刺激產生放電的神經元，亦會在運動時放電。

大腦與神經元的多潛能性

由此可見，各個神經元並非是基於所在的位置來決定它的功能，而是具備多潛能性。另外，我們也在專欄1提及，就算是相同的行動、記憶或感覺，也不會一直是由相同神經元的放電所產生。還有，就算是相同的神經元放電，也不會一直產生相同的行動、記憶或感覺。和某項行動、記憶或感覺相關的神經群在每次放電時，都和上一次的神經群有著些許差異。這是大腦非常重要的特性，也是任何研究者都能透過實驗來確認的事實。

確實，各個腦區和各個神經元或許會在某種程度上分擔不同的功能，但是並不會個別獨立運作，而是必須透過在整體腦部中活動，才能發揮出該項功能。腦部會不停調整並改變具有多潛能性的部位與神經元，總是會綜觀全體而運作。個別部位與整體腦部的關係，以及個別神經元與神經群的關係，都會經過恰到好處的調整，並依需要而靈活做出改變，這正是腦的特性。將單純角色分擔的功能側化論視為腦的特徵，不過是將人類最容易理解的系統投射到腦部罷了。

當然，大腦與神經元的改變也和學習及經驗有關，因此腦部的功能地圖必定會存在個人特性，不太可能有通用於每一個人的功能地圖。此外，認為所謂超越運動和感覺的高階功能存在於腦中某處的思維，更是過於單純直觀，不值一提。而且在研究者之間，對於高階功能的區分與命名也沒有共識，舉凡識別、判斷、體諒、共情、自我意識、自我等，定義都相當隨興。認為這些功能都恰好對應於腦中某處的想法，未免過於樂觀。腦並不是根據人的想法而創造出來並運作的。

慎防淺顯易懂的資料

即便到了現在，依然有許多研究者相信，解開功能側化的謎團有助於理解大腦，因此試圖更進一步將功能地圖繪製得更詳盡，也就是試著將腦部不同功能的部位分得更細。當然，不會有人認為光是分得夠細，就能看清腦部運作。這些研究者需要的是試圖揭示這些不同區域之間的資訊是如何流動和處理的。

例如，視覺刺激首先會進入初級視覺區，接下來會依序進入次級視覺區（V2）、第三級視覺區（V3），經過數個視覺區後分成兩路，其中一條最終會抵達視覺聯合區，使我們能識別形狀，另一條最終則會抵達頂葉聯合區，並產生關於空間與距離方面的辨識。就像這樣，我們也能用如同電腦程式流程圖般的模式，呈現感官從提取外界刺激特徵的低階功能，到識別事物的高階功能的整個過程。尤其在視覺方面，已提出非常複雜而詳細的流程圖，而它的流向基本上是單向的。運動也是一樣，但它的流向與感官相反，是從運動規劃或設立目的這類高階功能，流至活動肌肉這類低階功能。運動也具有詳細的流程圖，其基本流向依然是單向。

這種單向的流程，當然有其根據。教科書上常會提到休伯爾（D. Hubel）和威澤爾（T. Wiesel）的一項實驗，當他們將特定斜率的線段映照於貓的視網膜上時，初級視覺區的神經元就會放電，至於會針對哪種斜率的線段放電，則會因各個神經元而異。此外，對相同斜率線段放電的神經元會形成群體，並依照各個群體的不同，分別配置排列於初級視覺區中。他們基於這樣的結果，判斷初級視覺區是提取視覺刺激輪廓特徵的裝置，兩人也因為這項成果在一九八一年獲得諾貝爾生理醫學獎。

不過，這和先前介紹的二〇一四年諾貝爾生理醫學獎得主歐基夫形成對比。他們對貓施以麻醉讓其沉睡並進行實驗，因此得到非常淺顯易懂的資料，這是「靠控制而得到的諾貝爾獎」。透過這樣的控制所得到的資料，很有可能和原本腦部的運作方式大相逕庭。例如初級視覺區神經元原本也會對線段以外的視覺刺激產生放電，但是一旦對動物施以麻醉，這種放電就消失了。另外，豐橋技術科學大學的助教授（相當於現在的副教授）杉田陽一博士的研究顯示，即使部分線段被障礙物遮蔽，初級視覺區神經元依然能辨識整條線段（視覺補償）。此外，要是改變對相同視覺刺激的注意方式，初級視覺區神經元放電也會有所變化。也就是說，初級視覺區不僅是由神經元集結而成、會對各種線段產生反應的特徵提取裝置，還可能參與和辨識相關的高階功能。

不單是視覺區，其他腦區也有類似的歷史發展。研究體感覺區的最高權威蒙卡索（V. Mountcastle）便主張，初級體感覺區神經元一對一地對應於皮膚上的觸覺受體，而且負責相同受體的神經元會組成群體，並在體感覺區呈現出規律性的排列。這確實是非常淺顯易懂的腦部形象，但與視覺區相同的是，這項資料也是透過對動物（猴子）施以麻醉而取得的。但是，根據東邦大學教授岩村吉晃的研究得知，體感覺區神經元和觸覺受體並非一對一，而是以更複雜的形式相對應，與相同受體相連的神經元並沒有形成群體和規律性的排列。此外，若是沒對猴子施以麻醉，讓牠自發性地觸摸物體，會發現體感覺區神經元會依觸碰的物體及觸碰方式的不同，而造成放電模式的複雜變化。也就是說，初級體感覺區的神經元，並不只是單純而被動的觸覺感測器而已。

神經元未必會依照順序運作

如前所述，一般認為視覺的識別功能，是經由從初級視覺區到視覺聯合區的多個階段，最終才形成的。大致可以分為以下一連串過程：①檢測出視覺刺激↓②意識到「看到了」↓③理解看見的東西。但是，我研究室所得到的實驗結果，則是明確顯示出腦部並非依照這種淺顯易懂的順序運作。實驗過程雖然有點複雜，但請容我就當時的研究生大迫優真與廣川純也副教授所進行的實驗，盡可能簡單明瞭的說明。

首先，這項研究開發了一項適用於大鼠的視覺刺激檢測任務（圖4-5）。這項任務是讓口渴的大鼠在眼前三個洞口的中央等待，左右某一方的燈光會在瞬間（〇．二秒）亮起，如果大鼠能立刻選出與亮起燈光同一方的洞口，就是作答正確，可以得到一滴水。圖4-5 a是右方燈光亮起的情形，b則是左方燈光亮起的情形。此外，有時也會出現像 c 這種就算待在中央等待，燈光也不會亮起的情形，這時只要哪一方都不選就是作答正確。等到充分訓練完大鼠之後，這項實驗就會將燈光調整至恰好勉強看得見的微妙亮度，並實施相同任務。

如此一來，大鼠雖然還是有機會和先前一樣選出與亮起燈光同一方的洞口，但也會不時出現就算燈光亮起也沒發現，結果哪一方都不選的情形（圖4-5 d）。這樣的情形代表燈光亮起這項物理刺激就算以相同的方式進入雙眼（確認大鼠並沒有閉上眼睛），大鼠依然會有回答看到它的時候，以及回答沒有看到的時候，這正是顯示出「看到了」這項意識是有或無。

但是，這種意識上的差異，也涉及大鼠是否打算選擇左右某方洞口，或是都不選擇的行動差異。基於這個理由，這項實驗還進一步設計了一些巧思，當大鼠沒注意到燈光亮起，沒有打算選擇某一方洞口時，中央的洞口上方會降下遮板，藉此強制大鼠選擇左右某方的洞口（圖4-5 e）。結果發現，大鼠會以高於偶然的機率選出正確的洞口。也就是說，牠們最初從左右洞口中選出正確答案的時候，是具有「看到」的意識而行動；但當牠們回答「看不到」而被迫進行選擇時，在不具備「看到」這項意識的狀態下仍能作答正確。

為了研究「意識的有無」究竟是在視覺區的何處產生，因此實驗記錄了執行視覺刺激檢測任務時，大鼠的初級視覺區和後頂葉皮質的神經元放電。如前所述，初級視覺區是視覺刺激最初的入口，而後頂葉皮質則是從初級視覺區接受輸入，並進一步將這些訊號輸出至其他部位，相當於視覺區的出口。透過同時記錄得到眾多神經元的放電模式，並運用主成分分析（PCA）等統計方法進行解析，最後得到下列結果：

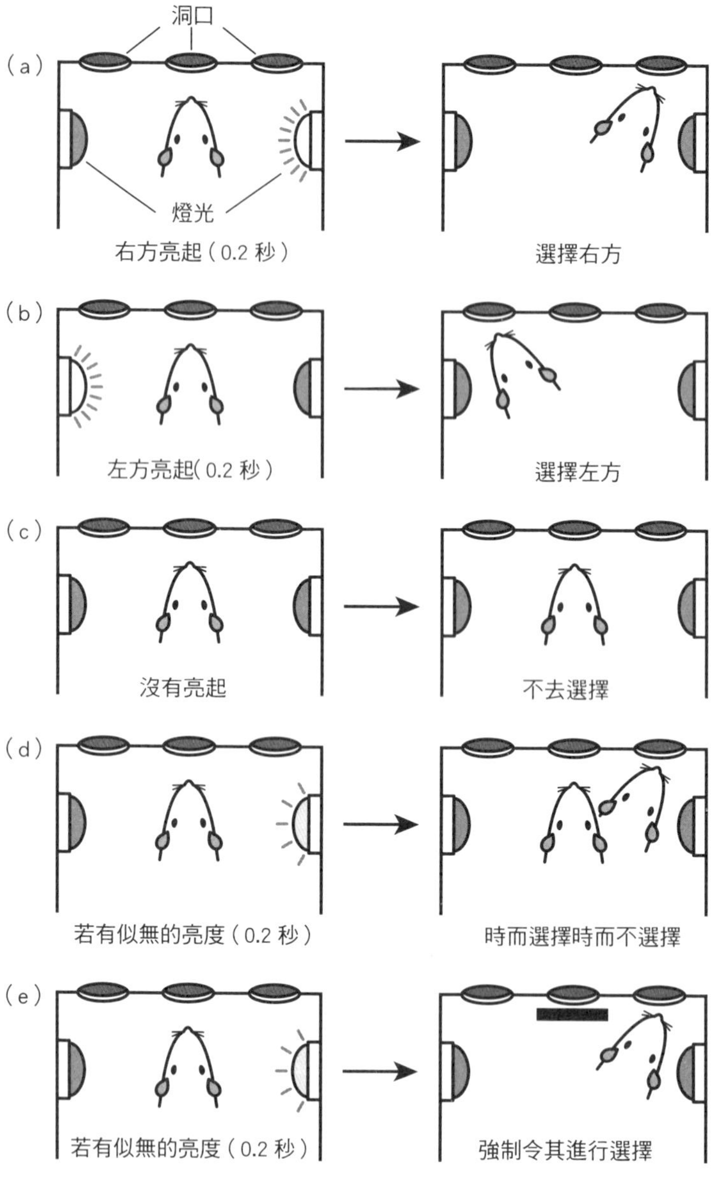

圖4-5　研究大鼠「看到」意識的視覺刺激檢測任務。圖中的（d）和（e）雖然只有右側燈光亮起，但實際上也有左側燈光亮起的時候（根據 Osako et al., 2021 作圖）

● 即便初級視覺區神經群有對亮起的燈光產生放電反應，大鼠依然有可能會看漏燈光。
● 初級視覺區和後頂葉皮質都具有會對亮起的燈光產生放電反應的神經元（感覺性神經元），以及不會因此而放電的神經元（非感覺性神經元）。
● 無論是感覺性神經群或非感覺性神經群的放電模式，都會依照「看到」這項意識的有無而產生變化，且這項變化無論是在初級視覺區或後頂葉皮質都相同，兩者之間並不具差異。

上述結果並不是單純按照順序進行資訊處理的過程，即「先藉由初級視覺區神經元放電來檢測視覺刺激，然後將其傳送至下一個部位，讓該處的神經元放電，進而產生『看到』的意識」。我們得到的結論是，「看到」這項意識的產生，並非僅與特定腦區或感覺性神經元相關，而是有橫跨不同腦區的感覺性、非感覺性神經群的協調參與其中，這或許正是腦部獨有的資訊處理的真面目。

腦部疾病的致病原因並不單一

本書已反覆提及，認為特定功能是由特定腦區或神經元所負責的想法實在過於單純。相同的道理似乎也適用於更微觀的層級，也就是關於在腦中發生作用的物質或基因。以突觸的訊號傳遞為例，或許「多巴胺會導致神經迴路興奮，而γ－胺基丁酸則是會進行抑制」的見解，適用於腦部切片標本或經過人工培養的神經迴路中，但對活生生且正在運作的腦而言，此說法恐怕就過於簡化。這是因為突觸總是會和多種神經傳遞物質進行相互作用，藉此傳遞訊號。

例如，在一九九〇年的實驗中，我讓大鼠學習透過工作記憶（反覆執行啟動與重啟的記憶）來正確作答。在對大鼠注射東莨菪鹼（scopolamine）這個能阻礙乙醯膽鹼（主要神經傳遞物質之一）運作的藥劑後，作答的正確率就大幅降低了。再對大鼠注射美西麥角（Methysergide）這個能抑制血清素（也是主要神經傳遞物質）運作的藥劑，結果作答的正確率並沒有降低。乍看之下，這些結果似乎能做出，在工作記憶中發揮重要功用的並非血清素，而是乙醯膽鹼的結論。但是，若是在一開始就注射對－氯安非他命（Para-Chloroamphetamine）這個具備毒性的藥劑，讓腦中的血清素幾乎不會進行作用，並在這個狀態下進一步注射東莨菪鹼，則作答的正確率就不會降低。

也就是說，當在具有血清素時，若是沒有乙醯膽鹼，工作記憶就不會運作；但在具有乙醯膽鹼時，即便沒有血清素，工作記憶依然能運作；而在既沒有血清素也沒有乙醯膽鹼的情形下，工作記憶也能運作。這是非常不可思議的結果，由此可以看出，血清素和乙醯膽鹼是透過彼此相互作用而對工作記憶做出貢獻，而它們之間的平衡可能決定了是否能發揮作用。這代表無法單獨確認它們各自的功能。

失智症早期症狀經常會出現工作記憶上的障礙，我們也能從這項研究得知，想將其原因歸咎於單一物質變化，也就是要找出單一兇手是不可能的事。同時，這也意味著想開發出改善工作記憶障礙症狀的藥物絕不容易。

這樣的情形也同樣適用於其他腦部疾病。例如，長久以來都認為憂鬱症的成因是作用於突觸的正腎上腺素或血清素不足。大約自二〇〇〇年以來，選擇性5－羥色胺再攝取抑制劑（Selective Serotonin Reuptake Inhibitor, SSRI）這個能增加突觸血清素量的抗憂鬱藥，已被普及運用。然而，這之後憂鬱症患者的數量依然持續增加。若是適當且慎重地進行ＳＳＲＩ的投藥，其效果應會比過往的抗憂鬱藥來得高。但即便腦中的血清素量在服用後立即上升，還是需要等一個星期才會出現成效。另外，ＳＳＲＩ雖然對重度憂鬱症有效，但幾乎不見效於輕度或中度憂鬱症。而且其效果往往不穩定，經常會出現轉變為躁鬱狀態或造成成癮性等副作用，有時甚至還會提升衝動性或暴力性。

另外，占人口一％的思覺失調症和憂鬱症同為嚴重腦部疾病，長久以來被認為起因於位於突觸的多巴胺或谷氨酸過剩或不足。但是，針對這些物質的藥物效果同樣不穩定，無法稱作特效藥。這讓我們清楚知道，腦部疾病根本不可能是由單一特定物質造成的單獨犯行。

腦的功能是由多種層面相互作用而形成

在無法鑑定單獨功能這點上，基因也是如此。然而，大眾媒體經常使用「發現造成～的基因」為標題，彷彿腦部障礙或疾病只和特定基因有關，也就是抱持單一致病基因的論調。致病基因（causative gene）是指該基因的突變或缺損，會引起特定的疾病或障礙。例如，如果有一則報導的標題是「發現自閉症的致病基因」，人們往往就會將此理解為自閉症的一切都是由特定的基因所決定。自閉症確實是先天性的障礙（原因並不是養育方式），基因突變或缺損也的確會參與其中，但這些症狀能透過調整環境或行為分析療法，得到相當程度的改善。又或者在部分情況下，就算自閉症患者難以與人面對面溝通，但在VR空間中則有辦法和虛擬化身對話。因此儘管不能完全消除障礙，但環境或經驗也會對症狀的程度帶來影響。

更何況，光是被視為自閉症的致病基因報告就已經高達八百種以上，很明顯告訴我們兇手並不是只有某種特定的基因。有鑑於此，前述的報導標題應該訂正為「又發現一個被認為和自閉症有關的基因」才對。

至於思覺失調症這個腦部疾病，則未必和自閉症一樣是先天性的產物，基因的影響僅止於提升發作的可能性（風險）而已。至今為止，已經有一千種以上的基因被指出與思覺失調症有關，但它們的突變或缺損只會將發病風險提升一〇%左右而已。而且，儘管已知在四十六條染色體中，第一、十五和二十二號染色體的缺失會提升發病風險，但事實上這些染色體的缺失，也同樣可見於自閉症、癲癇、學習障礙等患者身上。在那些無論如何都把基因看得比什麼都重的研究者之中，甚至還有人主張具有相同基因或染色體缺失的疾病或障礙，應該全被分類為相同種類才妥當。但是，這當然是錯的。確實思覺失調症、自閉症、癲癇、學習障礙有一些共同的症狀，但從整體來看，它們顯然是不同的疾病或障礙。

此外，隨著社會的高齡化而越發演變為重大問題的失智症（尤其是阿茲海默症），目前已有一百五十種以上和發病相關的基因被發現。其中載脂蛋白Ｅ（Apolipoprotein E）這個基因會讓發病風險提高約四倍。這風險和思覺失調症約一．一倍（提高一〇%）的致病基因相比高出許多，不過這仍不足以決定是否會發病。此外，該基因似乎也和堆積於患者腦中的β類澱粉蛋白有關，但如同前述，這也並非阿茲海默症的唯一成因。這些事實顯示，載脂蛋白Ｅ並非是造成阿茲海默症的單一元凶。

因血腦屏障的損傷而讓白蛋白（albumin）進入腦部、因其他原因造成的炎症，以及神經元間訊號傳遞的異常等，都可能是阿茲海默症潛在的共犯。載脂蛋白E充其量只是其中一名共犯，還需要眾多共犯經過複雜的組合運作，才會導致阿茲海默症的發病。

歸根究底，無論是宏觀的腦區層面、神經元層面，還是神經傳遞物質或基因層面，都不具有單獨擔任腦的特定功能的存在。同樣地，導致腦部特定功能受損的疾病或障礙，也不存在單一元凶。我們必須承認，腦的功能是由**多種部位、神經元、神經傳遞物質，以及基因相互作用所形成的集合（assembly）才得以實現**。只有當這個集合的真實樣貌被釐清的時刻來臨，才能算是解開了腦的謎團。

專欄4 神經經濟學、神經犯罪學、神經政治學，有實際效用嗎？

有些人試圖透過簡化對腦部的理解，藉此讓腦科學邁向實用化。活用腦功能造影的神經經濟學（neuroeconomics）便是一個典型例子。這是一種試圖透過腦部活動部位的差異或活動強度，來判斷個人的購買意願或商品喜好的方法。

實際造就這股趨勢的契機，是比較可口可樂與百事可樂的知名實驗。這項研究試圖透過腦部活動解釋：為何屢次在不看標籤判斷味道的測試中敗陣的可口可樂，會比百事可樂更暢銷。實驗透過fMRI測量看過標籤再品嘗的人的腦部活動，發現飲用可口可樂時內側前額葉的活動（血流）有增加的現象。由於這個腦區是和複雜的思考、評估、自我形象有關，於是便做出可口可樂有較好形象的結論。另外，他們還表示只要透過腦部活動這項客觀資料，就能更精確測量消費者的喜好。

但是，這些結論犯了兩大錯誤。第一個錯誤，就是內側前額葉的功能極為多樣。直到目前為止的研究報告，顯示出它和動機的產生、表達自身情感、理解他人情感、統合記憶與情感、計畫性的行動、行動的靈活性、規則與策略的學習與切換、社交技能以及道德感等事物相關。也就是說，即使觀察到內側前額葉的活動增加，並無法得知腦正在做什麼。一般來說，腦科學實驗通常透過測量人類或動物在從事某件事時的腦部活動，並將這些活動與感官、運動或記憶等腦部功能對應起來。透過腦部活動來推斷其究竟產生了什麼樣的感官、運動或記憶，稱為逆向回推（decoding）。而光靠現行的fMRI資料，是幾乎不可能進行逆向回推的。這是因為如同第四章所述，一個腦區有多個功能，而且個體差異非常大，還會隨著經驗而產生可塑性的變化。第二個錯誤，就是腦的活動並不是唯一的客觀資料。一個人的行為或口頭報告，也是足夠客觀的資料，而且不需要將頭部放入耗資數億日圓的大型裝置中，就能輕易取得。

到頭來，在談論神經經濟學技術上的問題之前，就因它的前提是建立於某個腦區具有特定功能（也就是單純的功能側化），早就已經犯下錯誤，因此這項在二十一世紀初被提出的學問，時至今日幾乎派不上用場。若要建立起實際有用的神經經濟學，就必須對腦部神經迴路的活動進行全面而精確的測量，並能準確檢測與個人偏好和欲望相關的活動，而這也是未來腦科學長遠而莫大的考驗。

就算是使用高性能的fMRI裝置，它所能檢測出的空間解析度，亦即大腦皮質的最小單位，也只有約一平方毫米。然而，正如同第一章所述，這個範圍具有十萬個神經元以上，該處的樹突與軸突長度總和長達十公里，而且連接的突觸數量更是有十億左右。在完全不知道這些複雜神經迴路如何運作的情況下，光看一平方毫米（通常是該面積的好幾倍）內的血流是否增加，根本就不可能得知腦究竟發生了什麼事。

這件事實同樣適用於試圖透過腦部活動來預測犯罪、釐清犯罪動機，或判斷供詞可信度的神經犯罪學上。另外，也適用於試圖透過腦部活動來檢測選民心意所向，或對候選人的好感度，或找出有效演說方法的神經政治學上。在神經政治學方面，有研究指出，有效的政治演說能讓聽眾的腦部活動節奏同步，應該要構思這種演說才對。但是，已有研究證實，腦部活動的節奏是因情感的變動而產生，因此到頭來，所謂的有效演說，就是要用刺激聳動的言語或詞彙挑起聽眾的情感，這個結論只是再次確認了傳統的常識而已。腦科學該追求的實用目標，應該是眾多人們殷切盼望的腦部疾病或障礙的治療。輕率膚淺的實用提案，只會讓人對腦產生誤解。

結語

腦之所以靈活，是因為它會進行馬虎的訊號傳遞、也會出錯，而這也實現了人類的高階功能，創造個人的成長、促進損傷腦部的恢復，並創造出所謂的個性。現在的腦科學強調人類的多樣性與可塑性，強烈警告我們不應輕率地對人進行分類，或是預先決定一個人的可能性。

但是，人類非常擅於分類。這點就連腦的研究者也不例外。這大概是因為找出差異並進行細分的方法論，實在是非常明確易懂的緣故吧。也因此，研究者將腦分類為各個細小的部位，找出多樣的神經傳遞物質與基因，並試圖將它們個別歸類於特定的功能中。如果這樣就能釐清腦部的運作，對研究者來說是再好不過的事，而這也能為那些罹患腦部疾病或障礙的患者帶來福音。但是，腦似乎沒有那麼親切，僅憑分類這個方法論，實在不太可能說明多樣性與可塑性這些腦部最為重要的特性，也就是說無法解釋人類的多樣性與可塑性。不僅如此，這還有可能反過來讓我們重蹈覆轍，就像過去主張用顱骨的凹凸或形狀來理解人的能力或性格一般，輕率地對人做出分類。未來的腦科學將面臨一個艱鉅無比的挑戰，那就是至今為止發現到的眾多腦區、神經元、神經傳遞物質、基因的集合，及它們的統合原理，依然有待探索。

另外，關於活生生且正在運作的腦，依然有好幾個具體而攸關本質的疑問尚未得到解答。例如：

- 由無法自行放電的神經元連結組成的腦，為什麼能自發性地活動呢？
- 神經元是透過群體的同步放電來傳遞訊號，那麼又是什麼使它們同步呢？
- 腦中的資訊究竟是以什麼樣的活動或狀態存在呢？
- 腦部訊號傳遞的資訊處理，究竟是透過什麼樣的具體活動來進行呢？

既然這類疑問還如此眾多，就意味著腦最重要且攸關本質的特性尚未得到解答，腦依然是一個充斥著謎團的研究對象。這也同時代表人類的心智也仍然是個不可思議的存在。正因如此，腦科學在今後也會是一個充滿眾多可能性且魅力十足的研究領域，等待朝氣蓬勃且充滿可塑性的年輕研究者前來挑戰。

時光飛逝，從活生生且正在運作的腦中記錄神經元放電的實驗以來，已經度過四十多個年頭。在這段期間，我不斷體會到腦部活動的複雜性和不可思議之處。本書就是以這份實際感受作為出發點，對腦做出解說。本書接續前作《試著將大腦與機械連結——腦機界面的未來》（脳と機械をつないでみたら——ＢＭＩから見えてきた），都是由猿山直美女士擔任編輯。與前作相同的是，若是缺少猿山女士的企劃能力與切中要點的建言，本書恐怕是難以付梓。請容我在此鄭重表達由衷的感謝之意。

最後，我想將本書獻給一直給予我心靈寄託的家人。

櫻井芳雄　二〇一一年末

主要參考文獻

序章

・オーフリ，ダニエル（勝田さよ訳，原井宏明監修）『医療エラーはなぜ起きるのか』みすず書房，2022

・河野龍太郎『医療におけるヒューマンエラー第二版』医学書院，2014

・栗原久「コーヒー／カフェイン摂取と生活——カフェインの精神運動刺激作用と行動遂行」東京福祉大学・大学院紀要，7, 5-17，2016

・小松原明哲『ヒューマンエラー第三版』丸善出版，2019

・内閣府『令和三年交通安全白書』2021

・中田亨『防げ！現場のヒューマンエラー』朝日文庫，2016

・松本俊彦『薬物依存症』ちくま新書，2018

・Boeing "Statistical summary of commercial jet airplane accidents. Worldwide operations 1959-

2020", 2021.
・Kingdom, F. et al. "The leaning tower illusion: a new illusion of perspective", *Perception*, 36, 475-477, 2007.

第一章

・蔵本由紀『非線形科学　同期する世界』集英社新書，2014
・櫻井芳雄「スパイク相関解析法」医学のあゆみ，184, 607-612, 1998
・櫻井芳雄「マルチニューロン活動の記録――なぜ・どのようにして」電子情報通信学会誌，87, 279-284, 2004
・櫻井芳雄「ブレイン‐マシン・インタフェースの神経科学」分子精神医学，12, 23-29, 2012
・櫻井芳雄『脳と機械をつないでみたら』岩波書店，2013
・ブザーキ，ジョルジ（渡部喬光監訳，谷垣暁美訳）『脳のリズム』みすず書房，2019
・リベット，ベンジャミン（下條信輔訳）『マインド・タイム』岩波書店，2005
・リンデン，デイヴィッド，J.（夏目大訳）『脳はいいかげんにできている』河出文庫，

2017

- Abeles, M. "Neural codes for higher brain functions" In: "Information processing by the brain", Hans Huber Publishers, 1988.
- Carlson, N. R. "Foundation of Physiological Psychology", Allyn and Bacon, 1988.
- Chen, S. & Frank, L. M. "New experiences enhance coordinated neural activity in the hippocampus", *Neuron*, 57, 303-313, 2008.
- El-Gaby, M. et al. "An emergent neural coactivity code for dynamic memory", *Nature Neuroscience*, 24, 694-704, 2021.
- Nakazono, T. et al. "Enhanced theta and high-gamma coupling during late stage of rule switching task in rat hippocampus", *Neuroscience*, 412, 216-232, 2019.
- Nougaret, S. and Genovesio, A. "Learning the meaning of new stimuli increases the cross-correlated activity of prefrontal neurons", *Scientific Reports*, 8（11680）, 2018.
- Tallon-Baudry, C. et al. "Oscillatory synchrony in the monkey temporal lobe correlates with performance in a visual short-term memory task", *Cerebral Cortex*, 14, 713-720, 2004.

第二章

・櫻井芳雄『ニューロンから心をさぐる』岩波科学ライブラリー，1998
・櫻井芳雄「セル・アセンブリと記憶」生体の科学，67, 32-36, 2016
・太刀川英輔『進化思考』海士の風，2021
・橳島次郎『もしも宇宙に行くのなら』岩波書店，2018
・ブオノマーノ，ディーン（柴田裕之訳）『バグる脳』河出書房新社，2012
・ヘッブ，D.O.（鹿取廣人・金城辰夫・鈴木光太郎・鳥居修晃・渡邊正孝訳）『行動の機構』（上・下）岩波文庫，2011
・ボーデン，クリスティーン（檜垣陽子訳）『私は誰になっていくの？』クリエイツかもがわ，2003
・ボーデン，クリスティーン（水野裕監訳，中川経子訳）『私の記憶が確かなうちに』クリエイツかもがわ，2017
・ルリア，A.R.（天野清訳）『偉大な記憶力の物語』岩波現代文庫，2010
・Arieli, A. et al. "Coherent spatiotemporal patterns of ongoing activity revealed by real-time optical imaging coupled with single-unit recording in the cat visual cortex", *Journal of*

Neurophysiology, 73, 2072-2093, 1995.

- Coste, C. P. et al. "Ongoing brain activity fluctuations directly account for intertrial and indirectly for intersubject variability in stroop task performance", *Cerebral Cortex*, 21, 2612-2619, 2011.
- Eichele, T. et al. "Prediction of human errors by maladaptive changes in event-related brain networks", *PNAS*, 105, 6173-6178, 2008.
- Feuillet, L. et al. "Brain of a white-collar worker", *Lancet*, 370, 262, 2007.
- Kliemann, D. et al. "Intrinsic functional connectivity of the brain in adults with a single cerebral hemisphere", *Cell Reports*, 29, 2398-2407, 2019.
- Koppelmans, V. et al. "Brain structural plasticity with spaceflight", *npj Microgravity*, 2（2）, 2016.
- Liu, Y. et al. "Decoding cognition from spontaneous neural activity", *Nature Reviews Neuroscience*, 23, 204-214, 2022.
- Sakurai, Y. "How do cell assemblies encode information in the brain?", *Neuroscience and Biobehavioral Reviews*, 23, 785-796, 1999.

・Sakurai, Y. et al. “Multiple approaches to the investigation of cell assembly in memory research-present and future”, *Frontiers in Systems Neuroscience*, 12（21）, 2018.
・Zhang, Q. et al. “Brain-wide ongoing activity is responsible for significant cross-trial BOLD variability”, *Cerebral Cortex*, bhac016, 2022.

第三章／専欄3

・河西春郎『文系のためのめっちゃやさしい脳』ニュートンプレス，2022
・カラット，J. W.（中澤幸夫・木藤恒夫訳）『バイオサイコロジー I』サイエンス社，1987
・工藤佳久『脳とグリア細胞』技術評論社，2010
・櫻井芳雄「ニューラルネットワーク最新情報（3）：脳科学からの概説——神経回路の実態と特性」知能と情報，22, 36-42, 2010
・櫻井芳雄「ニューロフィードバックの基礎——神経活動のオペラント条件づけ」Clinical Neuroscience, 34, 155-159, 2015
・シュウオーツ，ジェフリー，M. & ベグレイ，シャロン（吉田利子訳）『心が脳を変える』サンマーク出版，2004

・スン，セバスチャン（青木薫訳）『コネクトーム』草思社，2015
・竹内郁雄編『人工知能』別冊日経サイエンス239，2020
・日経サイエンス編集部編『脳と心の科学』別冊日経サイエンス243, 2021
・ハンセン，アンデシュ（久山葉子訳）『スマホ脳』新潮新書，2020
・ベイレンソン，ジェレミー（倉田幸信訳）『VRは脳をどう変えるのか？』文藝春秋，2018
・マーチャント，ジョー（服部由美訳）『「病は気から」を科学する』講談社，2016
・毛内拡『脳を司る「脳」』講談社ブルーバックス，2020
・リンデン，デイヴィッド，J.（岩坂彰訳）『40人の神経科学者に脳のいちばん面白いところを聞いてみた』河出書房新社，2019
・ロビンス，ジム（竹内伸監訳，竹内泰之訳）『ニューロフィードバック』星和書店，2005
・Cerf, M. et al. "On-line, voluntary control of human temporal lobe neurons", *Nature*, 467, 1104-1108, 2010.
・John, R. "Switchboard versus statistical theories of learning and memory", *Science*, 177, 850-864, 1972.
・Murayama, M. et al. "Dendritic encoding of sensory stimuli controlled by deep cortical

interneurons", *Nature*, 457, 1137-1141, 2009.

- Koch, C. "Biophysics of Computation", Oxford University Press, 1999.
- Patel, K. et al. "Volitional control of individual neurons in the human brain", *Brain*, 144, 3651-3663, 2021.
- Sitaram, R. et al. "Closed-loop brain training: the science of neurofeedback", *Nature Reviews Neuroscience*, 18, 86-100, 2017.
- Sakurai, Y. and Song, K. "Neural operant conditioning as a core mechanism of brain-machine interface control", *Technologies*, 4（26）, 2016.
- Sakurai, Y. and Takahashi, S. "Conditioned enhancement of firing rates and synchrony of hippocampal neurons and firing rates of motor cortical neurons in rats", *European Journal of Neuroscience*, 37, 623-639, 2013.
- Takahashi, S. and Sakurai, Y. "Coding of spatial information by soma and dendrite of pyramidal cells in the hippocampal CA1 of behaving rats", *European Journal of Neuroscience*, 26, 2033-2045, 2007.

第四章／專欄4

・加藤忠史『岐路に立つ精神医学』勁草書房，2013

・クック，ノーマン・D.（久保田競・櫻井芳雄・大石高生・山下晶子訳）『ブレインコード』紀伊國屋書店，1988

・グールド，スティーヴン，J.（鈴木善次・森脇靖子訳）『人間の測りまちがい』（上・下）河出文庫，2008

・コシク，K.S.「発病の謎を解く新たな視点」日経サイエンス，50（11），34-41, 2020

・酒井邦嘉『言語の脳科学』中公新書，2002

・酒井邦嘉『脳を創る読書』実業之日本社，2011

・櫻井芳雄『考える細胞ニューロン』講談社選書メチエ，2002

・サテル，サリー＆リリエンフェルド，スコット，O.（柴田裕之訳）『その〈脳科学〉にご用心』紀伊國屋書店，2015

・ジョエル，ダフナ＆ヴィハンスキ，ルバ（鍛原多恵子訳）『ジェンダーと脳』紀伊國屋書店，2021

・ドイジ，ノーマン（竹迫仁子訳）『脳は奇跡を起こす』講談社インターナショナル，2008

・バレット，リサ・フェルドマン（高橋洋訳）『バレット博士の脳科学教室7½章』紀伊國屋書店，2021
・藤田一郎『脳ブームの迷信』飛鳥新社，2009
・モレノ，ジョナサン，D.＆シュルキン，ジェイ（佐藤弥監訳，大塚美菜訳）『脳研究最前線』ニュートンプレス，2020
・渡辺英寿・河村満・酒井邦嘉「鼎談スペリーのレガシー」*BRAIN and NERVE*, 70, 1051-1057, 2018
・Brown, T. G. et al. "On the instability of a cortical point", *Proceedings of the Royal Society of London*, B, 85, 250-277, 1912.
・Calvert, G. A. et al. "Activation of auditory cortex during silent lipreading", *Science*, 276, 593-596, 1997.
・Lashley, K. S. "Temporal variation in the function of the gyrus precentralis in primates", *American Journal of Physiology*, 65, 585-602, 1923.
・von Melchner, L. et al. "Visual behaviour mediated by retinal projections directed to the auditory pathway", *Nature*, 404, 871-876, 2000.

・Nummenmaa, L. et al. "Emotional speech synchronizes brains across listeners and engages large-scale dynamic brain networks", *Neuroimage*, 102, 498-509, 2014.

・O' Keefe, J. and Nadel, L. "The Hippocampus as a Cognitive Map", Clarendon Press, 1978.

・Osako, Y. et al. "Contribution of non-sensory neurons in visual cortical areas to visually guided decisions in the rat", *Current Biology*, 31, 2757-2769, 2021.

・Raichle, M. E. "Two views of brain function", *Trends in Cognitive Sciences*, 14, 180-190, 2010.

・Sakurai, Y. and Wenk, G. L. "The interaction of acetylcholinergic and serotonergic neural systems on performance in a continuous non-matching to sample task", *Brain Research*, 519, 118-121, 1990.

・Sakurai, Y. et al. "Multipotentiality of the brain to be revisited repeatedly" In: "The Physics of the Mind and Brain disorders", Springer, pp. 513-525, 2018.

・Sharma, J. et al. "Induction of visual orientation modules in auditory cortex", *Nature*, 404, 841-847, 2000.

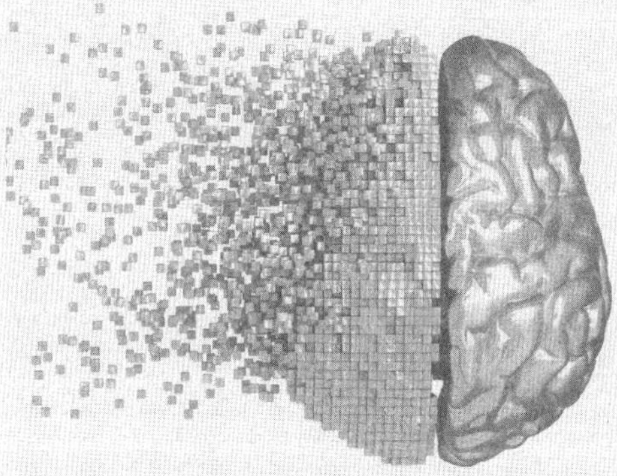

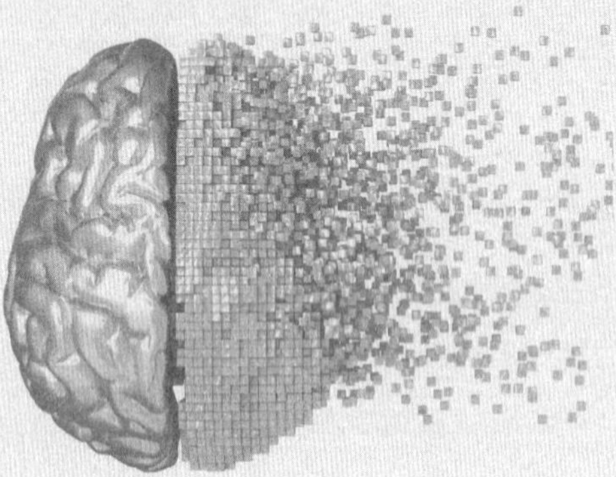